四川牧草栽培与草坪建植管理实用技术问答

陈立坤　张丽霞◎主编

四川科学技术出版社

·成都·

图书在版编目（CIP）数据

四川牧草栽培与草坪建植管理实用技术问答 / 陈立
坤, 张丽霞主编. —— 成都：四川科学技术出版社,2019.9
ISBN 978-7-5364-9604-0

Ⅰ.①四… Ⅱ.①陈… ②张… Ⅲ.①牧草–栽培技
术–四川–问题解答②草坪–观赏园艺–四川–问题解答
Ⅳ.①S54-44②S688.4

中国版本图书馆 CIP 数据核字(2019)第 205453 号

四川牧草栽培与草坪建植管理实用技术问答

主　　编　陈立坤　张丽霞

出 品 人　钱丹凝
责任编辑　刘涌泉
责任校对　王国芬
封面设计　景秀文化
责任出版　欧晓春
出版发行　四川科学技术出版社
　　　　　成都市槐树街 2 号　　邮政编码 610031
　　　　　官方微博 : http://e.weibo.com/sckjcbs
　　　　　官方微信公众号 : sckjcbs
　　　　　传真 : 028-87734039
成品尺寸　145mm×210mm
　　　　　印张 6.75　　　字数 140 千　　　插页 1
印　　刷　四川科德彩色数码科技有限公司
版　　次　2019 年 12 月第一版
印　　次　2019 年 12 月第一次印刷
定　　价　48.00 元
ISBN 978-7-5364-9604-0

编　委　会

前　言

　　本书分为两个部分，以一问一答的形式呈现，共罗列了300多个技术问答，涉及牧草栽培利用、草坪建植管理在实际操作中遇到的技术难题或者困惑。第一部分为本书重点，主要介绍了牧草播种、田间管理、青干草捆生产、青贮调制、种草养畜、草地培育管理及部分常见草种的栽培技术等内容。第二部分概括地介绍了草坪建植技术，其中引入了草坪基础常识、草坪建植、成坪后的水肥管理、成坪后的杂草病虫害防治、常用草坪机械等内容。

　　编者通过参考其他相关的专业文献，结合自身的专业知识、专业技能及多年的生产实践经验，尽力地将很多学术语句转化成老百姓容易理解的语言，以防用户在使用过程中造成阅读及理解上的困难。除此，本书将所有问答进行归纳、分类，并设置了目录索引，方便用户查阅。因此，本书用语简洁明了，内容通俗易懂兼具科普性与实践性，以期能解决农牧民在实际生产中遇到的困惑及难题。

本书在编写过程中，得到了四川省草原科学研究院众多专家的支持及同仁们的鼎力相助，在此表示衷心的感谢！由于编者水平有限，书中难免存在不足甚至错误的地方，敬请批评指正。

2019 年 8 月

目 录

第一部分　牧草栽培管理技术

第二部分　草坪建植管理技术

第一部分　牧草栽培管理技术

一、 草种购买、判定常遇到的问题

问1　购买牧草种子的注意事项有哪些？

答　农牧民购买牧草种子时，应该请草种经销商提供工商营业执照、种子经营（生产）许可证及草种检验报告。一般来说，国家三级及以下标准的草种不做商用。用户拿到草种

后可目测草种子整体表现是否颗粒均匀、大小一致，是否含有泥块、木块、沙、石、破碎种子等；从种子色泽（成熟度）、种子重量（饱满情况），以及是否夹杂着其他杂种子，即作初步判断。除此之外，还需要简单地实验检测种子的生活力（发芽能力、发芽快慢、均匀程度）。为此需准备三个直径10～15厘米的玻璃培养皿，并平铺3～4层滤纸；加水，使水面完全浸湿滤纸；随机选取600粒种子（每个培养皿200粒）均匀分布在培养皿中。标准条件下（室温、空气流通、水分充足），放置7～14天测定发芽率，3～7天测定发芽势（发芽势高，说

明种子生命力强，出苗快、整齐一致、弱苗少）。

问 2 如何判定种子标签是否合格？

答 种子标签是种子进入市场的通行证。合格的种子标签应该具备以下几个条件：①标准的规格。要采用防水的包装材料，规格不小于 12 厘米 ×8 厘米。②规范的文字。标签应当使用规范的中文，字迹清晰，警示醒目；字体要用宋体字小五号。③标注有相关的内容。标签上有品种名称、学名、经营许可证编号；生产或经营单位名称、电话和详细地址；净重（kg）、执行标准、质量等级、质量指标（净度、其他植物种子、发芽率、水分）。包衣草籽应标明药剂名称、有效成分、含量，且在标签明显位置，根据药剂毒性附上警示，如标注红色"有毒"字样等注意事项。进口草籽应加注进口商名称、进出口贸易许可证书编号；分装草籽应注明分装单位和日期。

问 3 什么样的种子是假种子、劣质种子？

答 根据《草种管理办法》第四十三条，对假、劣种子的具体情形进行界定。假种子是指：以非草种冒充草种或以此品种草种冒充其他品种草种的；草种种类、品种、产地与标签标注的内容不符的。劣种子包括以下五种情形：①质量低于国家规定的种用标准；②质量低于标签标注指标；③因变质不能作草种使用；④杂草种子的比例超过规定；⑤带有国家规定的检疫对象。

问 4 播种是不是不能用陈种子？草种是否越新越好？

答 通常种子都有一个后熟期，所以并不是草种越新越好。新收获的草种在生理上还没有完全成熟，胚的发育也未结束，此时草种呼吸旺盛，发芽率很低。什么是"后熟期"呢？指收获后的种子离开母体后，经过一段时间的储藏达到生理上的完全成熟的时期。经过后熟期的草种呼吸作用减弱，稳定性加强，发芽率增高，品质得到改善。后熟期长短因草种而异，有的长达几年，有的只有几天。一般来讲，在选择播种草种的时候，要选择后熟期之后的草种。同时，也要注意搁置多年的陈种子也可能发芽率低，影响播种。

问5 如何对牧草种子质量进行综合鉴定？

答 ①表观鉴定。观察种子色泽，新种子胚乳为白色，表皮有光泽，种皮外部没有白霜，种脐为白色；种子触摸有干燥、光滑感，质硬。②实验室鉴定。须按照国家牧草种子检验标准进行试验，对纯净度、发芽率、水分含量和杂种子数进行测定。③包装袋和标签鉴定。牧草的包装袋上应标注有草种（品种）名称、净度、发芽率、重量、产地、生产单位、经销单位及生产日期等。一般而言，用于市场销售和流通的至少是国家标准三级以上的草种。牧草种子质量鉴定至关重要，选择优良的牧草种子是实现"低投入、高产出"的基本保障。

问6 如何对种子进行基本识别与品质检验？

答 种子由于个体细小，形态上彼此相似，不容易正确识别。通常情况下，可通过种子的外部形态特征进行识别，具体包括形状和大小、种脐形状和颜色、种子表面特点、种子附属物等。种子品质检验一

草种检测实验室

般参照《牧草种子检验规程》，通过感官和各种科学仪器判定的办法，检验其纯净度、发芽率、含水量，以及其他杂种子数等。也可以通过简易发芽试验，来大致检验草种品质。

问7 如何选择适播的牧草草种（品种）？

答　①考虑种植地降水量、最低温、海拔高度。降水较少的地区选择耐旱草种，如紫花苜蓿、羊草、披碱草；高海拔地区年均温度较低，应选择耐寒早熟品种，如沙打旺；温暖湿润地区可种植黑麦草、苏丹草、饲用玉米、白三叶、象草、皇竹草等。②考虑土壤状况。

草种选择四要点简图

碱性土壤可选种耐碱牧草种，如紫花苜蓿、沙打旺、羊草、披碱草等；酸性土壤宜选种耐酸的串叶松香草、白三叶、扁穗牛鞭草等；贫瘠土壤可选种沙打旺、草木樨、无芒雀麦、披碱草等。③考虑利用方式。常见有青饲、青贮、生产干草。青饲牧草，除兼顾其产量和营养成分外，还应考虑其所含不良化学成分，如豆科牧草中含有的皂苷、生物碱、单宁等，需要几种牧草混播弱化其毒性。青贮牧草，要考虑刈割时期的水分、可溶性糖含量，以及其他营养成分。调制干草时，应选择叶片不易脱落的牧草。④考虑畜禽种类。反刍家畜选择粗纤维含量丰富的牧草，如羊草、饲用玉米、苏丹草、披碱草等；单胃动物选择叶片丰富、柔嫩多汁、蛋白质含量高的草种，如菊苣、苦荬菜、三叶草等。

答 在四川地区，由于水热条件不同，适宜种植的牧草草（品）种也有所不同。在川西北高寒草地地区，用于生态恢复和牧草生产的适宜草种有披碱草、老芒麦、燕麦，主要品种有川草1号和2号老芒麦、阿坝燕麦、阿坝垂穗披碱草、康巴垂穗披碱草等；在凉山地区，适宜种植且种植较多的草种有光叶紫花苕、圆根，主要品种有凉山光叶紫花苕、凉山圆根，多用于青饲刈割；在丘陵地区，适宜种植的草种有多花黑麦草、白三叶，主要品种有长江2号多花黑麦草、阿伯德多花黑麦草、川引拉丁诺白三叶、海法白三叶，适宜粮—草轮作、间作、套作，多用于畜禽食用。近几年来，饲用玉米、高丹草、皇竹草、象草等种植也越来越多。

二、 播种前需要做的准备工作

答 ①选种。新收的草种纯净度不高，可进行风选、筛选、水溶液选来改善。风选是通过风力作用将较轻的杂物去除（草种量大时可通过风选机器进行，量小则通过木簸箕等其他木器完成）；筛选可选出体积较大的秸秆以及密度大的石砾和其他杂物；水溶液选可将密度小于种子的杂物以及干瘪、不完整的颗粒选走。②去壳去芒。将种子用石碾去壳去芒。③浸种。播种前，用温水浸种。但要注意的是：待播土壤潮湿或有灌溉条件的地方方可浸种，否则播后草种会迅速失水而影响发芽。豆科草种的温水使用量为草种重量的 1.5～2 倍，浸泡12～16 小时；禾本科草种的温水使用量为草种重量的 1～1.5 倍，浸泡 1～2 天。浸泡后置阴凉处，隔数小时翻动，两天后即可播种。④根瘤菌接种。根瘤菌具有专一性，并非任何豆科植物都可相互接种根瘤菌。根瘤菌可分为 8 个族，同族的根瘤菌可相互接种。⑤硬实处理。常见于小粒的豆科牧草，如紫花苜蓿、紫云英、草木樨、小冠花等，种皮不透水，不能吸涨和发芽的需要进行硬实处理。其方法是：播种前种子拌粗砂或用石碾擦伤种皮，也可白天日晒，夜晚露水润湿 3～4 天以去除硬实。

> **注意：** 水溶液选只用于即将播种的草种，否则草种浸湿后容易发霉腐烂。

问 10　播种前，深土层整地措施有哪些？

答　①深翻耕。前茬作物根系发达不易清除残茬，或者土壤板结严重，欲改善土壤墒情，即可进行深翻耕。深耕针对不同情况也有三种方法：全耕层翻转深耕，此法用于下层有机质多、结构好的土壤，将底层已分解的有机质翻到上层；上翻下松耕作，此法用于底层肥力低，熟化程度差的一些灰化土、盐碱土；分层翻耕，先行深耕、随即浅耕，利于蓄水和翻晒土壤。②深松耕。深松耕后，耕层呈比较均匀的疏松状，此法可改善耕层较浅的黏质硬土，以保蓄水分、防旱防涝，需较强的动力设备。③旋耕。旋耕机犁刀在旋转过程中，将上层 10～15厘米的土层切碎、混合、向后抛掷，同时进行松土、碎土、平土。但在临播种前，旋耕深度不超过播种深度。

土壤深翻、松耕、旋耕作业

问 11　播种前，表土整地措施有哪些？

答　①浅耕灭茬。在前茬作物收获后，翻耕前进行浅耕，以切断表土中残茬、根系，疏松表土、重新覆盖，一般 5～10 厘米较佳。②耙地。耙地一般在翻耕后进行。因翻耕后的土块大、地面不平整，且存在根茎型杂草，这时进行耙地可平整地面，耙除杂草，蓄水保墒。多年生牧草地则在早春或刈割后进行耙地；或灌溉、降雨之后耙地；或播种后出苗前，以钉齿耙耙地，改善土壤墒情。③耱地。继耕地、耙地之后耱地，可起平土、碎土及镇压的作用。可入冬前耱地，也可降雨后耱地。④镇压。利用镇压器或石碾压碎土块、压实地表，此种措施不是必要环节，待需要时再进行。⑤开沟、做畦和起垄。开沟为保证灌溉和排水之便利；做畦，平整的土地上做田埂，将田块分成长方形的畦田，便于灌溉和管理；起垄，使牧草长在长垄上，增加土层厚度、利于排灌、改善土壤墒情。⑥中耕。以蓄力中耕机、机引中耕机或人工，进行中耕除草。

问 12　牧草栽培地耕作时，需要注意哪些细节？

答　耕地可以用壁犁或者用复式犁进行翻耕，耕地时应做到"熟土在上，生土在下，不乱土层"。耕地不可耽误播种的时期，尽量深耕以扩大土壤溶水量。对来不及耕翻的，可以用圆盘耙耙地，进行保墒抢种。整地可在春、夏、秋进行，但注意耕、耙、耱、压应连续作业，以利保墒。除此之外，不进行土壤大力度耕作的土地应免耕或少耕。免耕，是指在作物播前不用犁、耙整

土地翻耕

地，直接在茬地上播种，播种后牧草生育期间也不用耕作的方法。通常包括三个环节：一是覆盖，利用前作对可生长牧草或其他物质进行覆盖，用来减少风蚀、水蚀和土壤蒸发；二是利用联合免耕播种机开出宽 5～8 厘米、深 8～15 厘米的沟，然后喷药、施肥、播种、覆土、镇压一次性完成作业；三是于播种前后或播种时使用广谱性除草剂，以杀灭杂草。

问 13 牧草播种前，如遇劣质土壤应如何进行改良？

答 向土壤中施有机肥料或土壤改良剂，以调节土壤的通透性和保水、保肥能力。土壤改良剂一般不宜采用单一物质，在生产中通常使用的是复合改良剂。具体做法是：秋季深翻土壤前，用灭生型除草剂喷施，灭除种子地生长的所有绿色植物，一周后，用犁翻耕土地，深度 18～20 厘米；土地翻耕后，施杀虫剂以消除土壤中的害虫，并施用 1 000～1 500 千克/亩（1 亩≈666.7 米^2）厩肥作基肥，均匀撒在表面，再用重耙耙平整，轻耙耙细土块。干旱地区播前应镇压土地，有灌溉条件的地区可在播前浇水，以保证播种时的墒情。

三、　牧草播种时常遇到的问题

问 14　影响种子萌发的条件有哪些？

答　种子能否正常萌发涉及很多因素，可以概括为两个方面：①种子萌发的内部生理条件；②种子萌发的外部生态环境。种子内部适宜萌发的条件是指种子无休眠并且具有生活力。外部适宜的环境条件应保证种子发芽具有充足的水分、适宜的温度和氧气。水分是种子萌发的必要条件，种子的萌发开始于吸水，而且不同种类种子发芽时对水分要求不同。种子发芽的温度要求也和作物的生长习性以及长期所处的生态环境有关。各种植物种子对发芽温度的要求可用最低、最适宜和最高温度来表示，同时温度的变化，对种子萌发也有不同的作用。大多数种子萌发需要氧气，但不同植物种子发芽时所需氧的程度有很大不同。另外，光照、化学物质、土壤、生物等因素对种子萌发也有一定影响。

问 15　如何进行发芽试验？

答　①准备工作。为种子提供适宜的发芽温度、水分、光照、发芽床等条件，如在生产中很难达到，最基础应保证种子有适宜萌发的温度和水分。在发芽器皿底盘注明样品编号、名称、重复号和日期等。②数种置床。用于发芽试验的种子必须分取出来并设置 3 个重复。将数好的种子用镊子均匀且有规律地摆放在制备好的发芽床上，种子之间保持一定距离，湿润发芽床。③置箱培养。把发芽箱温度调节到所设定的发芽温度 25℃，并根据需要调节光照条件，将置床后的培养皿放入发芽箱。④检查管理。种子发芽期间应经常检查温度、水分和通气状况，以保持适宜的发芽条件。⑤观察记录。⑥种苗鉴定与计数。

问 16　促进牧草种子发芽有几种处理方法？

答　①破除硬实。可将含有硬实的种子放入水中浸泡 1~2 天再进行播种；用机械直接刺入子叶部分或用刀片切去部分子叶和胚乳；将种子浸在酸液里至种皮出现孔纹（浸泡时间因草种而异），隔段时间对种子腐蚀情况进行检查，然后在流水中充分洗涤至中性，再播种。②除去抑制物质。播种前将种子放在 25℃ 的流水中洗涤，再将种子干燥（干燥温度不超过 25℃）。③破除生理休眠。预先冷冻：播种前，可将种子在 5~10℃ 下预先冷冻 7 天（也可视情况而定），然后再进行播种发芽；预先加热：将待播的牧草种子放在 30~35℃、空气流通的条件下加热 7 天，然后进行播种；干燥贮藏：休眠期较短的种子，可放在干燥处短时间贮藏；光照：变温发芽时，在 8 小时高温时段给予光照；赤霉酸处理：通常用 0.05% 的赤霉酸溶液湿润芽床。

问 17　如何确定牧草的播种期？

答　牧草的播种期由自身品种特性决定，也因栽培地气候条件而发生变化。确定播种期是牧草栽培种植的一项关键技术措施，播种期适宜可丰收，否则造成减产。像紫花苜蓿、苦荬菜等草种要求种子发芽温度低、苗期耐寒，应春播。多数草种若土层 5 厘米内温度达到 12℃，即可播种。像饲用玉米、苏丹草等草种在苗期不耐寒且对萌发的温度要求较高，则一般在晚春或夏季进行播种。类似老芒麦、披碱草等多年生牧草夏季播种易受杂草侵害，但在寒冷、干旱、风大的地区，夏季播种可保证种子萌发需要的温度及湿度。多年生牧草、二年生或越年生的牧草应秋播，秋播时要注意给足种子幼苗生长期、成熟期以保证使其安全越冬。若进行作物与牧草套种的话，应保证作物播期和成熟期与牧草一致。

播种期对牧草的影响

问 18　如何确定牧草草种的播种深度？

答　控制播种深度可通过开沟和覆土两种方式实现。此两种方式，都应确保种子能够充分地接触土壤，以吸收土壤水分而利

沿图中红色剪头起垄处，在垄上进行覆土或者开沟，保证种子与土壤接触，提高种苗成活率。

牧草开沟 + 覆土播种作业

于种子吸涨出苗。可根据实际需要进行取舍：①开沟播种。开沟深度以见湿土为原则，通常 2～6 厘米。②覆土播种。若覆土过浅、水分太少不能使种子发芽，种子易裸露于表土造成晒种或鸟类啄食；若播种过深，种子发芽后没有力量顶破土壤，

造成焖种。因此，覆土播种要把握如下规律：小粒种子宜浅，大粒种子宜深；土壤黏重、含水量高的宜浅，土壤沙质含水少的宜深；土壤墒情好的宜深，土壤墒情不好的宜浅。

问 19 如何确定草种的播种量？

答 播种量可衡量单位面积内牧草植株的个体数量。购买商用草种时，包装袋上已写明播种量，但是有些播种量是理论播种量，即种子用价为 100% 时的播种量，而实际播种量需要根据利用目的、土壤肥力、水分状况、播种期的早晚及播种气候条件而决定。一般情况下，用于牧草生产的播种量可以根据理论播种量进行换算。

实际播种量 = 理论播种量 ÷ 种子用价

种子用价 = 选用牧草种子的发芽率 × 纯净度 ÷ 100

常见的利用目的：种子生产、牧草生产、边坡绿化及防护等。种子生产播量 ≤ 牧草生产播量 ≤ 边坡绿化及防护播量（种子生产播量为牧草生产播量的一半左右）。

问 20 混播牧草的比例如何确定？

答 ①考虑利用年限。豆科牧草利用年限短，长期放牧利用的草地所需豆科牧草比例较低。利用年限为 2~3 年的草地，豆科牧草含量在 65%~75%，禾本科牧草在 25%~35%（全部选择疏丛型禾草）；利用年限为 4~7 年的草地，豆科牧草为 25%~35%，禾本科牧草占 75%~80%（疏丛型为 75%~90%）；利用年限为 8~10 年的草地，禾本科比例占 90%~92%，其中根茎型禾草占 1/2 或 3/4。②考虑利用方式。刈割草地选择上繁草种子占 90%~100%，下繁草占 10% 以下；刈牧兼用草地，上繁草种子占 50%~70%，下繁草占 30%~

50%；放牧草地上繁草占30%左右，下繁草占70%～75%。

问 21　如何进行牧草混播?

答　混播牧草播种量根据混播牧草的种类和比例而定，即播种量为种子用价100%时的播种量与牧草混播比例的乘积除以纯净度与发芽率的乘积。若某种牧草竞争力较弱，可适当增加播量。播种期需要综合考虑播种地的自然环境条件、牧草的生物学特性和栽培条件。春性牧草在春季播种，冬性牧草在夏、秋季播种。冬性牧草也可春播，而春性牧草不可推迟播种。播种方法有：同行条播、间行条播、交叉播种、撒播、撒条播。同行条播行距为7.5～15厘米。间行条播即豆科和禾本科间行播种，可间隔15厘米窄行播种，也可间隔30厘米宽行播种。交叉播种要考虑牧草的特性，在条播的基础上，于其垂直方向种植其他牧草。撒条播是指条播和撒播相结合。一般而言，禾本科牧草用条播。

问 22　如何选择草种的播种方式?

答　常见的播种方式包括：条播、撒播、穴播、混播和育苗移栽。播种方式由利用目的决定。条播是用条播机将种子按一定的行距撒成条带状。条播行距根据饲草种类和栽培目的确定，植株高大、根系发达、分蘖能力强的行距要宽，反之应窄。条播常用于科学实验、饲草生产或草种生产等，尤其多年生牧草种子生产应条播。将种子撒到地上，用耙覆土，即为撒播，其优点是省工、省时、省力，缺点为播种不均，出苗不整齐，不易管理。通常牧草生长期内杂草严重时进行撒播，以抑制杂草，例如草地改良等。穴播用于一些种子较大的饲草，或者人工补播时。混播用于人工草地建植或草坪建植。育苗移栽是将种子用温床播种育苗，将幼苗移入大田生产的栽培方法。

移栽的优点是可调节植物茬口，便于苗期管理，减少草种用量，用于叶菜类或苗期不易成活的饲草。

撤播机播种

条播机播种

穴播机播种

播种方式

混播

育苗移栽

牧草的播种方式

四、 牧草栽培管理常遇到的问题

问 23 混播牧草地如何进行管理？

答 混播牧草地管理主要是施肥和杂草管理。氮肥、磷肥和钾肥的使用视实际情况而定。一般混播牧草地豆科牧草的比例达 30% 时，不施氮肥；低于 30% 时根据牧草长势情况补施氮肥。追施磷肥可增加豆科牧草的比例，提高混播牧草的品质。混播草地需要提高豆科牧草的竞争力时，可施钾肥。潮湿地区钾易流失，通常补施钾肥。施肥时综合考虑牧草地的稳定性：比如，施磷、钾肥抑制混播牧草地禾本科牧草的生长；多施氮肥促进禾本科牧草生长、提高竞争力，抑制豆科牧草生长。注意混播牧草地杂草的防除，早期应尽早或及时防、除杂草，提前预防的措施是为了避免草种子中携带其他植物的种子。

问 24　牧草栽培地如何进行除杂？

答　常见的除杂方式有人工除杂、化学除杂和生物除杂。①人工除杂。针对土地面积小、毒杂草体型较大、易于分辨时采用。在牧草分蘖或分枝以前，因杂草幼苗小，可实行人工除杂。②化学除杂。遇到杂草危害面积大的

人工除杂

地块，应采用化学除草剂除杂。针对不同的杂草要根据实际情况选择高效、低毒、低残留的灭生性除草剂。③生物除杂。利用昆虫、禽畜和竞争力强的植物防除杂草。生物除杂不会污染环境、成效稳定持久，但对环境条件要求严格，实施难度较大，见效慢。除此之外，还可以采取以下方式：①适时播种。提前或推后播种，避开靠自然条件生长的杂草发芽期，以减少杂草的危害。②适时适度修剪。一般杂草在自然条件下生长，早期竞争能力强，但遇到人为的干预，尤其是高强度刈割，其

生长就会受到明显的抑制，经一定时间后杂草逐渐减少以至从草坪中消失。③灌水。在播种之前，提前对土壤进行灌水处理。一是使土壤中的杂草种子提前萌发，有利于人工或化学除杂；二是使土地沉降，有利于土地进一步平整。

问 25 常用的除草剂有哪几种？

答 ①颜化氨氟乐灵。它是选择性杂草芽前土壤处理剂，用于海滨雀稗、早熟禾、高羊茅、黑麦草、三叶草等多年生植物，用来防治禾本科杂草或其他阔叶杂草的种子萌发。使用前应该进行小区试验，可以防治牛筋草、狗尾草、稗草、马唐、繁缕、灰藜、水蓼、马齿苋、酢浆草、回头苋、凹头苋、黍等。②垄舞。也是一种选择型杂草芽前处理剂，用于防治种子萌发的禾本科、莎草科及部分阔叶杂草。③格尔。它是一种芽后内吸性除草剂，主要防治空心莲子草、猪殃殃、马齿苋、龙葵、田旋花、蓼科、苋科、繁缕、大巢菜等。④阔功。它是一种杂草芽后触杀型除草剂，用于水蜈蚣、日照飘拂草等。注意，除草剂的应用效果与用药浓度、土壤湿度、防除对象、草龄大小等多种因素有关，所以在使用前请先进行小区试验，勿盲目使用。

牛筋草　　　　狗尾草　　　　繁　缕　　　　空心莲子草

问 26 如何科学、合理地进行施肥？

答 ①考虑饲草种类。禾本科、叶菜类饲草对氮肥的需求高，而豆科饲草对磷肥的需求高。②考虑利用方式。用于青贮或青饲的饲草需要丰富的茎叶，需求速效氮肥较多；用于生产草种的，多施磷肥和钾肥，也需要一定的速效氮肥。③考虑土壤状况。黏性土壤施肥，注重施入基肥和种肥；沙质土壤保肥性较差，应进行多次追肥，施肥时也要考虑沙质土壤中肥料的含量；牧草出现倒伏时应少施肥。酸性土壤应选择磷矿粉，碱性土壤少施含氯离子和钠离子的肥料。④考虑土壤水分。土壤过湿，施入肥料会有渗漏损失，且微生物活性差，养分释放缓慢；土壤太过干旱，养分也不易吸收。⑤考虑肥料特性。厩肥、绿肥和堆肥为缓效肥料，应作基肥使用；硝酸铵、碳酸氢铵等速效肥用作追肥，要少施、勤施。作基肥的有机肥应通过翻耕释放在全耕层中；追肥后也应该浇水，利于养分向根系迁移和吸收。肥料混合使用也可提高肥效。

科学施肥五要素

问 27　氮、磷、钾肥施用不当时，对牧草有哪些影响？

答　氮肥施量不足，对牧草根系和枝叶生长影响比较突出，表现为植株矮小，叶片黄化，生育停滞，种子小或不结实，产量低，品质差；氮素过多时，植株徒长，枝繁叶茂，容易造成大量落花，种子发育停滞，含糖量降低，植株抗病力减弱。磷肥施量不足时，幼芽和根系生长缓慢，植株矮小，叶色暗绿，无光泽，背面紫色，影响花芽分化。钾元素是多种酶的活化剂，在代谢过程中起着重要作用，不仅可促进光合作用，

还可以促进氮代谢，提高植物对氮的吸收和利用。钾能促进植株茎秆健壮，改善植株品质，增强植株抗寒能力，提高草的品质。缺钾时植株抗逆能力减弱，易受病害侵袭，品质下降，着色不良。钾在植物体内促进氨基酸、蛋白质和碳水化合物的合成和运输，对延迟植株衰老，延长结实期，增加后期产量有良好的作用。

问 28　生产优质牧草，如何进行合理灌溉？

答　合理灌溉要考虑牧草的生育期、土壤墒情及天气状况等。禾本科牧草生育期在拔节—抽穗期间是需水的关键时期，豆科植物的现蕾期—开花期是需水的关键时期，应保证牧草生长需水关键期的合理灌溉。土壤墒情好的一般土质微湿润、松软，未出现裂缝、板结等情况，土壤墒情较差的，需灌溉，但防止过涝。若种植地降水量少，长期处于干旱状态，则可进行灌溉。刈割草地在每茬牧草刈割后都应该进行灌溉，尤其是潜在的盐碱地，因为牧草刈割后，地表裸露，土壤表面蒸发严重，土壤盐分随蒸发的水分上升进入土壤表层，加重盐碱危害。旱地土壤含水量达田间持水量的 50%～80% 时比较合理，在多雨潮湿地区应做好疏通沟渠排水措施。

> 温馨提示：禾本科拔节期是指距离地面5厘米以内出现第一个节时，即生长进入拔节期，此时需增加水。

问 29　如何购买到优质的有机肥？

答　现在市场上的肥料鱼龙混杂，要想挑选到适用于牧草的合格有机肥，可以从以下几点着手：①原材料来源。原材料是决定有机肥质量的前提条件。一般来说，不提倡直接用畜禽粪便做原料进行搅拌，虽然其中含有大量有机质，但因为养殖过程中饲料、环境等可能残留有毒有害物质，对环境、牧草都会造成影响，所以推荐使用动物残体、毛皮、油枯、豆粕残渣等动植物蛋白进行制作。②制造工艺。查看原材料发酵是否完全，微生物菌落是否有益处，制造过程是否产生有毒有害物质，外包装是否符合国家规范等。③检查相关手续是否齐全。包括原材料及成品是否符合国家和行业要求的标准，是否取得了国家权威机构出具的合格检测报告。④检查经销商是否取得政府相关行政主管部门颁发的经营、销售许可证等。

问30　牧草常见的地下害虫有哪些？主要发生在哪些牧草中？

答　牧草地下害虫主要有蛴螬、地老虎、金针虫、蝼蛄等。①蛴螬主要是鞘翅目金龟子总科幼虫的通称，例如黄褐丽金龟、黑绒鳃金龟等。它们主要危害黑麦草、披碱草、燕麦、苏丹草、狗尾草、猫尾草、苜蓿、红豆草、三叶草等。②地老虎是鳞翅目夜蛾科幼虫，常生活在地下危害植物的根茎部。地老虎主要有小地老虎、黄地老虎等。小地老虎属于世界性大害虫，分布最广，几乎遍及全国各地，危害最重。黄地老虎分布也相当普遍。③蝼蛄属直翅目蝼蛄科，主要有普通蝼蛄、东方蝼蛄等。东方蝼蛄在南方为害较重，其成虫和若虫均在土中咬食种子，特别是刚发芽的种子。④金针虫是鞘翅目叩头虫科幼虫的总称，危害牧草的主要种类有沟金针虫、细胸金针虫、宽背金针虫、褐纹金针虫。沟金针虫的主要危害区南达长江流域沿岸，主要危害的牧草有禾本科的猫尾草、看麦娘、无芒雀麦、狐茅草、鸭茅以及豆科的苜蓿、三叶草等。

常见的地下害虫种类

问31　如何对常见的地下害虫进行综合防治？

答　选择合适的农药和施用方法，防治成虫和防治幼虫相结合。①加强肥、水和中耕管理。春秋两季害虫尚处于幼虫阶段，牧草正是需肥水的重要时候，幼虫怕水淹、怕肥料腐蚀，故适宜的肥水管理利于减少害虫数量。进行中耕疏草，破坏其生活环境，也可减少害虫危害。②物理防治。利用成虫的趋光性，在其盛发期用黑光灯或黑绿单管双光灯诱杀成虫，利用成虫的假死性，在成虫掉地后集中捕杀。③化学防治。在蛴螬幼龄期用药。用药前先疏草，清除过厚的枯草层，打孔后用药。针对干燥的土壤，可提前半天浇透水，让蛴螬向地表移动，再用药。高温期选择在傍晚用药，温度低时选择在中午用药。用"毙克"（10%吡虫啉）1 000倍液（每亩用制剂量0.4～0.6千克）防治，或者用具有触杀、胃毒作用的"土杀"1 000倍液（每亩用制剂量266～400毫升）对草坪进行喷淋防治，施药后应适量浇水，利于药剂渗到虫危害部位，两种药剂配合使用效果更佳。危害较大时，撒施"使它"3.4～6.7千克/亩或"地杀"3.4～6.7千克/亩，均匀撒于土表。④生物防治。在蛴螬卵期或幼虫期，每亩用蛴螬专用型100亿个孢子/克的金龟子绿僵菌杀虫剂150克，兑水稀释后漫灌。也可以用10亿个孢子/克的金龟子绿僵菌微粒剂3～5千克，与15～25千克细土拌匀，均匀撒施于土表，撒施后浇水10～15分钟，以浇透为宜，才能有效杀死幼虫。此法高效、无毒无污染，以活菌体施入土壤，持效期长。

五、 牧草收获时常遇到的难题

问 32 如何确定牧草的最佳刈割时期？

答 考虑利用目的，对于天然的刈割草地来说，草群中优势草种的刈割时期即为草地的刈割最佳期；对于生产干草或者青贮的牧草栽培地，通常牧草的最佳刈割时期，应综合考虑草产量以及牧草的营养品质。草产量与营养成分含量的乘积达到最高时才为最佳刈割期。同时，需考虑牧草的再生性，是否能安全越冬，以及对来年草产量和寿命的影响。在生产实践中，豆科牧草地更趋向于综合考虑产量、营养价值和再生情况，一般最适的刈割时期为现蕾期至初花期；禾本科牧草更趋向于兼顾产量、再生性以及次年的生产力。

问 33 牧草刈割时，如何确定牧草的留茬高度？

答 根据生产经验，一年刈割一茬的牧草留茬高度保持4~5厘米；一年收割两茬或以上的多年生牧草，为保证来年的草产量和再生效果，留茬高度可提高至6~7厘米。对于较大面积的牧草生产基地，需要控制好留茬高度，留茬过高形成的枯枝落叶混入新鲜牧草中影响牧草的品质，降低牧草生产的经济效益。对于风沙较大、地势不平、有鼠洞的地区留茬高度提高到8~10厘米，以保持水土。以此作为参考控制留茬高度，实际生产中留茬应综合考虑实际情况和其他各种因素，结合实际情况与多年的生产经验进行确定。特别提醒的是，为了不影响来年牧草再生，选择留茬高度至关重要。

问 34 个体户或农业合作社应如何选择牧草收割机？

答 提高牧草抢收效率可选择往复式收割机、旋刀式割草机和收割压扁机。合作社或个体户收割牧草，推荐使用旋刀式割草机。其优点是：切割速度快，作业效率高，可调节刈割草行宽度，经久耐用，不易出故障，维修成本低。往复式收割机切割整齐、留茬高度易控制，但易阻塞、草行宽度不可调节。割草压扁机则适合豆科牧草等的收割，因豆科牧草茎秆较粗壮不易干燥，但叶片宽大易散失水分，往复式、旋刀式割草机均不适用于豆科牧草收割。割草压扁机的优点是能迅速降低其茎秆水分，叶片水分含量适中，不导致叶片大量损失，效果较佳。

六、 散干草或干草捆生产过程中
常遇到的问题

问 35 生产优质干草的实用技术有哪些要点？

答 ①确定收获时间。除兼顾牧草产量、品质外，特别还需要注意选择连续晴朗、干燥的天气进行收割。②选择收获方式。③设置草行宽度。草行宽度一般是割幅的 70% 左右，草行宽度与饲草的干燥速度成正比，但是草行设置得越宽，后续的翻晒效率就越低。④确定留茬高度。⑤翻晒。上层牧草干燥即可进行翻晒，但是翻晒次数越多，叶量损失越多，且翻晒一定要在牧草含水量 40% 以上时进行，否则损失特别严重。在干燥晴朗的天气翻晒 2～3 次较适宜。⑥集拢。含水量低于 40% 时应该完成集拢作业，多用指轮式搂草机。⑦打捆。打捆时水分多易霉变，水分低造成损失增加，故当其含水量在 15%～18% 时打捆为佳。

| 确定时间 | 确认方式 | 设定行宽 | 确定茬高 | 翻晒 | 集拢 | 打捆 |

干草生产流程简图

问36　干草调制的注意事项有哪些？

答　①在短时间内尽快干燥晾干，避免打持久战。在短时间内降低水分可以降低植物呼吸作用、减少养分损失。②在干燥后期应尽量使牧草茎秆的各部分水分均匀，以免叶片过于干燥造成揉碎损失。③防止雨露淋湿，可置于阳光下暴晒，先在草地上凋萎，然后搂成小草堆进行干燥。④集草、打捆时避免过分干燥（禾本科牧草全株含水量不低于 40%，豆科牧草叶片含水量不低于 38%）时操作，以免茎叶揉碎损失。

1. 短期内、尽快速干！
2. 茎、叶水分较均匀！
3. 切记雨露、淋湿！
4. 打捆集拢时避免过分干燥！

干草调制技术四要点

问 37 青干草翻晒需要注意的问题有哪些？

答 采用人工或者机械设备将刈割后的新鲜牧草晾晒至适宜水分（17%左右）。地面自然干燥是将收割后的牧草在原地或运到较干燥的地方进行晾晒。天气晴朗干燥情况下，通常收割的牧草干燥 4~6 小时，水分降到 40%~50%，用搂草机搂成草条继续晾晒；当水分降至 35%~40% 时牧草的呼吸作用基本停止，再用搂草机将草集成草堆，保持草堆的松散通风，直至牧草完全干燥。机械设备干燥是将收割牧草运至烘干设备上使牧草快速达到适宜保存的含水量。干燥过程越短，牧草营养物质损失越少，品质越好，但同时也要综合考虑成本等因素。

问 38 在大田生产过程中，哪些方法能快速干燥牧草？

答 ①茎秆压扁。使用割草压扁机边压扁、边进行牧草收割，可缩短干燥时间、加快干燥效率。②起草垄迅速干燥法。用搂草机搂成双行小草垄，干燥一定程度后，将草垄合并为一垄，草垄疏松利于空气流通。③豆科牧草与作物秸秆分层压扁法。将麦秸等铺 10 厘米厚，中间铺豆科牧草 10 厘米，上层继续覆盖麦秸，然后用碾压机压扁，使牧草汁液渗入麦秸中，晾晒吹干。④使用干燥剂加速牧草干燥。苜蓿刈割后喷洒碳酸钾溶液和长链脂肪酸酯，旨在破坏蜡质层，加速干燥。

问 39 如何快速判断干草的水分含量？

答 牧草干燥达到安全水分（15%~18%）即可贮藏。如果含水量为 23%~25% 时，揉搓干草没有"沙沙"的声音，搓揉成草束不易散开，当手插入干草中有凉感，要堆放在通风处继续干燥；如果含水量在 20% 左右时，紧紧握住草束没有清楚的声音，易拧成紧实柔韧的草辫，搓拧时不揉断，不可收储。当含水量在 18% 左右时，牧草揉搓无干裂声，只有"沙沙"的声音，松手后牧草散开缓慢，叶片卷曲，弯折茎上部时，放手后保持不断，此时干草可储藏；干草含水量在 15% 左右时，紧握发出"沙沙"声和破裂声，草束搓拧时易断，

含水量约为 15% 的散干草

拧成的草辫或草绳快速散开，叶片又干又卷，茎节干燥为棕色，此时干草可储藏。

问 40　如何降低干草调制过程中的营养损失？

答　从牧草刚刈割至饲喂过程中，牧草的营养成分损失很大，但从以下几个方面可以得到缓解。①降低机械损失。在刈割、翻晒、集拢、打捆过程中，一是避免由于机械自身性能较差，如绞草、漏检造成的牧草损失；二是避免由于牧草叶片部分过度干燥，造成水分含量低，茎叶干燥酥脆造成严重的损失。②降低呼吸损失。牧草刈割后仍具备生命力，植物呼吸也造成损失，但只能降低却不能避免。刚刈割的牧草由于水分含量较高，呼吸作用旺盛，由此引起的损失较高。牧草含水量降低后呼吸作用减弱，牧草含水量下降至 40% 以下，呼吸作用基本停止。③降低微生物影响形成的损失。牧草自身附着的霉菌等微生物在适宜的水分含量、温度下过分活跃，消耗牧草的营养物质。只需要将牧草水分降低至 25% 以下，微生物活动减弱，就可以降低损失。④避免雨水淋湿损失。必须引起特别关

注，牧草收获后切忌淋雨。⑤降低光化学引起的损失。在晾晒过程中，光照直接破坏牧草体内胡萝卜素、维 C 和叶绿素等。适时搂草可减少光化学引起的损失。

问 41　牧草干燥的方法有哪些？

答　①自然干燥。最直接最节约成本的方法即是在田间自然干燥。自然干燥要求干燥、晴朗的无风天气，干燥效果较好。②草架干燥。并非每次刈割都能避免阴雨天气，如若遇到，也可在一定程度上进行补救。事先可准备好草架，草架最底层距离地面 20～30 厘米，牧草含水量应自然晾晒至 45% 左右方可上草架，继续晾晒。③发酵干燥。在南方潮湿地区，迫不得已也可尝试将牧草层层堆起压紧实，让其自然发酵升温，温度升高至 60℃ 左右时，摊开晾晒，促进水分蒸发散失。④干燥剂干燥。利用 2% 的碳酸钠溶液或其他盐溶液，在牧草上喷施，破坏饲草表面的角质层，促进水分散失。⑤常温鼓风干燥。在草棚中用鼓风机干燥，要求空气相对湿度低于 75%，温度为 15℃ 以上，效果较好。⑥高温快速干燥。一般就是在牧草烘干机中进行烘干，效率高但成本也较高。

问 42　判断散干草的品质可从哪几方面入手？

答　①质地。饲草的质地一般反映了饲草粗纤维的含量，越是质地粗糙说明饲草木质纤维化较严重，可消化养分低。反之，饲草质地纤细较柔软可判断粗纤维含量相对较低。②叶量。品质较佳的饲草，其叶片含量通常很丰富，反之，牧草在干燥过程中若叶片损失较多，则其品质较差。因为牧草中的营养成分通常储存于叶片中，尤其是豆科牧草。③色泽。牧草刈割时呈鲜绿色，进行正确的干燥后呈现亮绿色，营养价值高。④异物。常存的就是杂草或者毒杂草，一定要注意识别。毒杂草太多，危害家畜健康。⑤气味。优质干草有浓郁的芳香气味，具备霉味及腐败的干草切记不可饲喂，否则得不偿失。

问43　如何选择牧草打捆机？

答　评定牧草打捆机的好坏，应考量牧草捡拾过程中饲草遗漏率，压捆密度如何，压得是否适当紧实，开捆后牧草是否容易散开。除此，也应该根据实际需要选择圆捆打捆机或者方捆打捆机。圆捆打捆机在使用的过程中，需要劳动力较少，但因其体积、形状影响，不适合长途运输，故不做商品销售，适合个体户生产使用。方捆打捆机生产的草产品相对于圆捆打捆机生产的草产品，更便于贮藏及长途运输，方便销售给集约化、大规模的养殖场。

牧草方捆打捆机

牧草圆捆打捆机

问44　如何贮藏干草捆？

答　密度大、体积小的干草捆与散干草相比，更容易贮藏。草捆组成的整个草垛长20米，宽为5～5.5米，高18～20层为宜。底层草捆和干草捆之间不留任何空隙，各层窄面在侧方，宽面朝下；为使草捆位置稳固，上、下层草捆之间的接缝应错开。从第二层草捆开始，可在每层中设置25～30厘米的通风道，在双数层开纵向的通风道，在单数层开横向通风道，通风道的数目可根据草捆的水分含量确定。干草一直堆到八层高，第九层为遮檐层，此层的边缘突出于其他各层，作为遮檐，以后第十至十二层呈阶梯状堆置，每一层的干草纵面比其下面一层缩进1/3草捆长，可形成双斜面垛顶，垛顶用遮盖物覆盖。草棚四周有支柱和顶棚，成本低且实用。

问 45　如何妥善管理干草捆？

答　干草捆的管理特别需要指定专人管理，一是防垛顶塌陷漏雨，二是要防垛基受潮，三是要防止干草过度发酵和自燃。适度的发酵可使草垛紧实，并使干草产生特有的芳香味，但若发酵过度，则导致干草品质下降。当青干草水分含量下降到20%以下时，一般不至于发生发酵过度的危险。如果垛内的发酵温度超过55℃时，需要及时采取散热措施，否则干草会被毁坏，或有可能发生自燃。散热办法是用一根粗细和长短适当的直木棍，先端削尖，在草垛的适当部位打几个通风眼，使草垛内部降温。

草捆储藏仓库

问 46　青干草捆贮藏需要注意什么？

答　调制好的青干草捆应及时妥善收藏保存。青干草的贮藏方法是否合理，对青干草品质影响很大。若青干草含水量较高，营养物质易发生分解和破坏，严重时会引起干草发酵、发热、发霉，使青干草变质，失去原有的色泽，并有不良气味，饲用价值会大大降低。收藏方法可因具体情况和需要而定，不论采用什么方法贮藏，都应该防止啮齿小兽、鸟类或者其他动物对草产品的破坏。应随时监测草捆温度，避免雨淋和地面渗水，保证贮存空间通风。堆垛时应尽量压紧，加大密度，缩小与外界环境的接触面，垛顶用薄膜封顶，防止日晒漏雨，以减少损失。草棚堆藏时要注意干草与地面、棚顶保持一定距离，便于通风散热。草捆垛的大小，可根据贮存场地加以确定，一般长 20 米，宽 5 米，高 18～20 层干草捆，每层应有 0.3 立方米的通风道。

问 47　青干草打捆或堆垛时需要注意什么？

答　当牧草含水量在 17% 以下时即可打捆或堆垛贮藏。堆垛有露天堆垛和草棚堆藏。露天堆垛选择离畜舍较近、平坦、干燥、不易积水的地方。首先做成高出地面的平台，台上铺上树枝、石块或作物秸秆（约 30 厘米厚）作防潮底垫，四周挖好排水沟，其次堆成圆形或长方形草堆。堆垛时，第一层先从外向里堆，使里边的一排压住外面的梢部。如此逐排向内堆排，成为外部稍低，中间隆起的弧形。每层 30～60 厘米厚，直至堆成封顶。封顶用绳索纵横交错系紧。草棚堆草方法与露天堆垛基本相同。打捆是利用打捆设备将 17% 以下含水量的牧草压缩成长方形或圆形的草捆。采用方捆机对晾晒至适宜水分的青干草进行打捆。散干草打成捆后便于贮运，且有利于保持干草的优良品质。

问 48　生产实践中，如何判断干草捆的品质？

答　①干草捆色泽。优质干草呈绿色或浅黄色，绿色越深说明营养物质损失越小，胡萝卜素、维生素越多，品质越好。②干草捆气味。干草捆贮藏后轻微发酵，具有清香气味，有霉臭味的品质则差。③叶片含量。因多数高价值的营养物质储存于叶片中，叶量丰富则干草品质较好。④含水量。触摸感知含水量的多少，含水量较低品质较好。⑤病虫害。有病虫害情况的干草品质差，叶或穗带有病斑、黑色粉末等都不能饲喂家畜。通过综合以上5个感官结果，可以初步判断干草等级。一级干草枝叶深绿，叶及花序损失不超过5%，含水量15%左右，有浓郁的干草芳香气味；二级干草呈绿色，叶及花序损失不到10%，有香味，含水量15%左右；三级干草叶色较暗，叶及花序损失不到15%，含水量15%左右，有干草香味；四级干草茎叶发黄或发白，部分有褐色斑点，叶及花序损失15%以上，含水量15%左右，香味较淡；五级干草有臭味，不能饲喂家畜。

优质干草捆判定要素

七、青贮调制过程中常遇到的问题

问49 决定青贮饲料调制成功的关键要素是什么？

答 ①充足的碳水化合物（糖含量）。青贮发酵主要依靠附着在牧草植株体上的有益菌，发酵产生有机酸，形成酸性环境抑制其他不良微生物，达到保存饲料的目的。所以饲草一定要含足量的糖分供微生物使用。②适宜的含水量。一

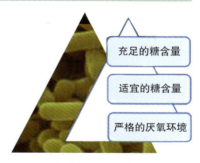

青贮调制三要点

般最佳的含水量为65%～70%。水分太多会产生渗出液带走营养成分外，可能会腐败严重；含水量太少不容易被压实，却易被有害微生物侵入。③严格的厌氧环境。乳酸菌是厌氧细菌，需要提供严格的厌氧环境使其增殖，有空气渗入会抑制乳酸菌的发酵效果，反而促进霉菌、酵母菌等好氧细菌大量增殖，致青贮饲料发酵失败。

问 50　常用的青贮饲料添加剂有哪些？各有什么作用效果？

答　在青贮饲料中添加发酵制剂可使青贮效果更优。①乳酸发酵促进剂。一般包括碳水化合物、乳酸菌及酶制剂。像豆科牧草碳水化合物含量低，需额外补充碳水化合物促进发酵。乳酸菌较少时，也需要额外进行添加。酶制剂则是一些纤维素酶或淀粉酶等。②不良发酵抑制剂。例如甲酸、乙酸、乳酸、柠檬酸等，直接降低青贮环境的 pH 值，抑制杂菌生长。③好氧性变质抑制剂。主要的作用是抑制青贮饲料的二次发酵，有丙酸、己酸和山梨酸等。④营养性添加剂。主要作用是提高青贮饲料的营养价值，对发酵过程影响很小，有尿素、双缩脲和矿物质等。⑤吸附剂。用于降低青贮饲料的高水分，例如干燥的稻秸、麦秸等。

乳酸发酵促进剂（如糖类、乳酸菌、酶制剂）

不良发酵抑制剂（甲酸、乙酸等抑制有害菌）

好氧性变质抑制剂（丙酸等抑制二次发酵）

营养性添加剂（尿素、双缩脲等提高营养价值）

吸附剂（吸附水分，降低青贮料中水分含量）

添加剂种类及作用

问 51　常见的青贮设施、设备有哪些？

答　①青贮窖。一般以混凝土建成，窖壁用一层混凝土覆盖，防止水分被窖壁吸收，窖底铺砖，不铺水泥，以便水分下漏。青贮窖的优点是建设成本低，取料方便；缺点是青贮料损失较大。②青贮塔。青贮塔直径一般为 4～6 米，高 13～15 米，塔顶铺设防雨装置。青贮塔造价高，操作、维护也复杂，国内很少在用。③青贮壕。青贮壕一般宽 4～6 米，深 5～7 米，长 20～40 米，呈倒梯形，壁和底用混凝土建成，装填完成后用重物压紧。其优点是建设成本低，便于机械作业；缺点是青贮饲料浪费严重。④袋装青贮。选用优质的青贮袋，操作简单，存取灵活且损失少，饲喂方便。⑤裹包拉伸膜青贮。其优点是损失少，便于存取，作业方便，环境污染小，节约占地面积，便于饲喂和运输。

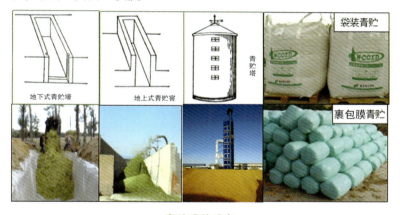

青贮设施设备

问 52　如何以感官初步评定青贮饲料质量的好与坏？

答　①闻。优质青贮料有果味、酸味或面包的芳香味，气味清淡柔和。品质稍差的，略带有酒精味或醋味，芳香味较淡。劣质的青贮料带有刺鼻的腐败味或氨臭味。②看。品质好的青贮料为黄绿色甚至是青绿色，稍差的饲料偏黄褐色或黄棕色甚至暗褐色，最差的青贮饲料多为墨绿色甚至黑色，明显跟青贮原料的颜色相差较大，有时有黑色汁液渗出。③触。好的青贮饲料压实紧密，但攥在手里松散、柔软稍带湿润感，饲料原料原有结构保持完好。中等质量的青贮饲料在握紧拳头后可挤出些许水分，松开手仍紧抱一团。质量最差的青贮饲料攥握后黏成一团，像污泥或者质地松散干燥粗硬，均发酵较差。

青贮饲料的感官判定

问53　拉伸膜裹包青贮的技术要点有哪些？

答　①平整土地。建草地时平整土地是前提，以便在后期捡拾牧草时避免夹带泥土、引入不良微生物。②适时刈割和晾晒。牧草刈割和晾晒是青贮的关键因素，使用割草压扁机可提高效率。③打捆。为使草捆密度大、形状方正，压捆机的速度应该低于收集机，草捆应平整，避免形成空隙。④裹包操作。打捆后立刻包膜，拉伸膜应是质量好、颜色为白色、经检验合格的产品。

问54　制作青贮饲料的技术要点有哪些？

答　①适时刈割。在合适的时期进行牧草刈割，主要的目的是保证牧草的水分含量及碳水化合物含量适当，使青贮饲料具备良好的发酵基础。禾本科牧草在孕穗期—抽穗期刈割，豆科牧草在现蕾期—初花期刈割为宜。②调控水分。牧草的含水量对青贮的成败影响很大。青贮饲料的水分高于80％时青贮往往失败。新鲜收获的牧草含水量一般较高，应通过晾晒或添加吸附剂进行调控。③切碎。切碎是为了青贮时能使饲料压制紧实，便于装填。一般切成 1~2 厘米较适宜，切割太长不易压紧，太短不利于家畜瘤胃微生物发酵。④压实。在青贮料装填过程中应层层压实，且进行多次压实。⑤密封。密封是青贮饲料厌氧发酵的关键，一定要做到不透气、不渗水。⑥管理。调制后的青贮饲料并不是一劳永逸，仍需要进行精心管理，遇到问题一定要尽快解决。

问 55　如何进行秸秆微贮?

答　①建微贮窖。微贮窖应选择在投喂地附近、地势高的地方修建。窖壁和窖底均用水泥、沙、砖砌好，长方形窖长 3.5 米，宽 1.5 米，深 2 米，适合于中小型养殖户。②秸秆揉碎。最好用揉丝机将秸秆切短至 2~4 厘米，并将坚硬的部分揉碎，利用压制紧实和家畜的瘤胃发酵。稻秸或麦秸青贮，每立方米贮存 300~400 千克，玉米秸至少 500 千克为宜。③菌种复活。根据青贮量计算活菌的干粉量，一般需满足每克青贮料中有 10^5 的活性单位的菌种。将菌种溶解于 1% 浓度的蔗糖水溶液中，静置 2 小时后立即使用。④稀释菌液。将青贮原料含水量调至 65%，添加水量可根据以下公式计算：

加水量（千克）= 秸秆质量（千克）×［（1-秸秆含水量）÷（1-微贮料的含水量）-1］

⑤装窖及密封。最底层铺 20 厘米厚的干草，然后边喷洒菌液边铺 30 厘米厚的秸秆层，并压实。当微贮料距窖面还有 30 厘米左右时，在窖四周铺好塑料布准备封窖。装高至 40~50 厘米时压实覆盖，上层可铺 30 厘米厚的麦秸，覆土密封。⑥开窖。一般 40 天左右可开窖，开窖一天一取。同时防止雨雪进入，加强密封效果。

问 56　如何提高秸秆饲料的利用率？

答　①切碎或粉碎。切碎或粉碎秸秆可直接降低家畜咀嚼秸秆时消耗的能量，减少秸秆饲料浪费，同时提高秸秆采食率。②压青。将豆科牧草和秸秆分层铺在晒场上，以"秸秆—新鲜豆科牧草—秸秆"铺层方式进行碾压，可使豆科牧草的汁液渗入秸秆中，从而提高秸秆的营养价值，也提高采食量，达到提高利用率的目的。③热喷处理。将秸秆装入热喷器内，向容器内通入热饱和蒸汽，高温高压后降低压强，物料膨胀后而开始喷射。这一过程中，其化学成分和物理结构发生有利变化，提高采食量和消化率。

八、　生产牧草种子时常遇到的问题

问 57　生产牧草种子对气候有什么要求？

答　种子生产对自然因素的要求表现为草种（品种）对太阳辐射、温度和降水量的要求，在花期诱导植物开花的适宜光照周期及温度尤为重要。牧草开花后特别要求干燥晴朗的天气，易于花粉的传播；受精后要求有充足的水分；种子成熟期要求天气干燥、无风，且昼夜温差大。①日照强度。日照强度决定着牧草能否开花，开花的量多不多。不同的牧草需求的日照强度不一样。短日照牧草有矮柱花草、加勒比柱花草、路氏臂形草等，像龙草、无芒雀麦等牧草同时要求短日照和低温条件。中长日照植物有箭箬豌豆、白三叶、羊草、高羊茅和红豆草等。②辐射量。牧草在较长时期的低云笼罩下，种子的生产力一定小，牧草需要有一定的辐射量才利于种子生产。③温度要求。例如秋季低温会影响牧草的结实。④湿度。有些牧草开花需要适宜的相对湿度，如老芒麦要求的相对湿度为 45% ~ 60%，羊草要求为 50% ~ 60%，紫花苜蓿要求为 53% ~ 75%。

问 58　牧草种子生产对土地的要求有哪些？

答　①适宜的地形。种子地应该选择在开阔、通风、光照充足、土层深厚、排水良好、肥力适中、杂草较低的地块儿。种子生产地应该布置在阳坡或半阳坡上，土地的坡度最好低于 10°。红三叶、紫花苜蓿等要求排水良好的土地，所以遇低洼地时，应做好排水系统。②适宜的土壤类型。大部分牧草喜中性土壤，例如紫花苜蓿、红豆草、柱花草木樨适于钙质土，像弯叶画眉草、卵叶山蚂蟥、头形柱花草等牧草适宜热带酸性土壤。③良好的土壤结构。牧草种子生产地的土壤最好为壤土，壤土的持水力强，保肥性较好。④土壤肥力要求适中。肥力缺乏影响牧草的正常生长，肥力过剩也会降低牧草种子的产量。

问 59　生产牧草种子时的播种方法有哪些？

答　牧草种子生产可采用穴播、条播和撒播，植株高大的牧草或分蘖能力强的牧草种宜采用穴播的方法。此时，注意株行距应为 60 厘米 ×60 厘米或 60 厘米 ×80 厘米。这种方法给牧草留出了足够的生长空间，使其具备充足的光照、丰富的营养和良好的通风环境，促使其形成大量的生殖枝。另外，条播也应该保持一定的行距，常见的栽培行距有 30、45、60、90、120 厘米，条播行距根据牧草的种类及栽培管理条件而定。草地早熟禾行距为 30 厘米，紫羊茅、无芒雀麦的行距为 60 厘米，鸭茅为 90 厘米。

> **温馨提示：** 不同于牧草生产过程，种子生产应该采用无保护行的单播方式，由于保护植物可能造成多年生牧草的减产。

问 60　种子生产的播种时间如何确定？

答　一年生草种进行春播；越年生草种一般在秋季播种，次年结种；对于多年生牧草而言，必须考虑光周期和春化作用的影响。像红豆草、紫花苜蓿等长日照牧草在春季播种，秋天可收获草种。要求短日照和低温条件的牧草适合于夏末秋初播种，便于在冷季到来之前形成更多的分蘖。在短日照和低温条件的影响下，那些分蘖发育形成生殖枝，在次年开花结种的，例如多年生黑麦草、白三叶、百脉根和无芒雀麦等草种都进行秋播。

问 61　种子生产的播种量如何确定？

答　种子生产的草种播量一般要少于牧草生产的播种量。用于种子生产的草种在播种时应考虑是否具备充足的光照、丰富的营养和良好的通风环境，故其播种量低于牧草生产的播种量。若播种量较高，草种之间会竞争光照、土壤养分等自然条件而无法形成发育良好的生殖枝，草种产量必然低。尤其是豆科牧草，低播量保证其有一定的空间，利于昆虫传播花粉。与此同时，窄行播种的播量控制到牧草生产时播量的 1/2，宽行播种量是窄行播种量的 1/2 或 2/3。

问62 种子生产的播种深度如何确定？

答 种子自身的颗粒大小、土壤含水量和土壤类型等因素决定牧草种子的播种深度。牧草种子通常均应浅播，豆科牧草相对于禾本科牧草的播种深度再浅一些，因为豆科牧草的子叶顶土能力较弱。在沙质壤土上种子播深2厘米较理想，颗粒稍大一点的种子应播深3~4厘米较好，黏壤土播深为1.5~2厘米。小粒种子的播种深度应该更浅，如红三叶播深1.0~1.5厘米，白三叶播深0.5~1.0厘米，草地早熟禾、翦股颖等牧草种子可直接播在地表，播后镇压效果更佳。

问63 什么是种子休眠以及导致种子休眠的原因是什么？

答 具有生活力的种子处于不能发芽的状态称为休眠。种子的休眠是植物在长期自然选择下的适应性特征。休眠可以避免种子在植株上发芽，减少收获时的损失，增强对不良环境的抵抗力。种子休眠也有不利的一面，如影响出苗率。造成种子休眠的原因有：①种皮不透水。②种皮不透气。③种皮对胚生长的束缚。④种子含有抑制发芽物质，如脱落酸是存在于胚内的常见抑制物质，它的含量与休眠深度有关。⑤种子内源激素不平衡。赤霉素、细胞分裂素都与促进种子的萌发有关，这两类激素在种子中的存在数量或活性状态决定着种子能否萌发。

九、 牧草种子田管理常遇到的问题

问 64 针对禾本科牧草草种生产，如何合理施肥？

答 禾本科牧草应多施氮肥，可提高草种产量。秋季施氮肥可促进植株分蘖，提高牧草冬季存活率，促进分蘖次年形成生殖枝。但应注意的是，秋季施氮肥过量反而刺激枝条的营养生长，减少生殖枝的发育，降低草种产量。紫羊茅、草地早熟禾秋季施肥占施氮肥总量的 1/2 为宜，鸭茅、草地羊茅和猫尾草秋季施肥占总氮肥的 1/3 较佳。温带的禾本科牧草在春季施氮肥也比较好，最好在抽穗期之前进行。多数禾本科牧草施氮肥都能增加草种的产量，但是施氮肥量因牧草草种（品种）不同而异，鸭茅亩施氮量 10.5～13.3 千克，草地早熟禾亩施氮肥量为 4～5.3 千克，紫羊茅亩施氮肥 12 千克，多年生黑麦草 8 千克。磷肥对于提高禾本科牧草种子产量也很重要，尤其是酸性土壤含磷较低，应适宜补充磷肥。钾肥的流动性较大，也应补充钾肥。

问 65 针对豆科牧草草种生产，如何合理施肥？

答 豆科牧草可通过根瘤菌固氮为自身提供氮肥，故不需额外补充氮肥。但是，有些豆科牧草从孕蕾期到种子成熟对氮肥的需求量增加，而根瘤老化，固氮能力较弱，此时应适量补充氮肥。紫花苜蓿在孕蕾期增施氮肥效果最显著，白三叶盛花期追施氮磷钾肥效果最显著。豆科牧草对磷钾肥的需求较高。豆科牧草补充磷钾肥应该在开花期或者开花期之前进行追施。如紫花苜蓿种子产量随着施肥量的增加而增加，最高的磷肥施入量为亩施9.5千克。不同于禾本科牧草，豆科牧草除了对氮磷钾肥有需求之外，还需额外补充硫肥，硫肥对豆科牧草草种产量有重要的影响，不容忽视。例如，在每千克土壤含硫酸根2毫克的含硫肥基础上，白三叶种子田每亩施入1.3千克的硫酸钙肥，可使种子产量提高43%。

问66 牧草种子生产过程中，还需要补充哪些特殊的矿物养分？

答 硼元素对于牧草种子生产也具有重要的作用。即使在土壤硼元素含量满足牧草生殖生长的情况下，增施硼肥还可以进一步提高种子的产量。一般牧草种子生产中含硼量的临界值是每千克0.5毫克，施硼肥量应为每亩施0.7~1.4千克的硼化钠，也可以用5%的硼砂溶液叶面喷施。钙元素能提高地三叶的结实率，钙还可以刺激南非狗尾草花粉粒的萌发。铜、镁、锌都有促进牧草花粉粒萌发的作用，增施铜肥也可增加草种子产量。

问67 针对牧草种子生产田，如何进行合理灌溉？

答 我们常见的灌溉方式有漫灌、沟灌和喷灌。漫灌水浪费严重且不容易控制灌水量。沟灌相对于漫灌水损耗量较低，但是沟灌要求土地有一定的坡度，以保证水能够在地表流动。喷灌的节水效果和灌溉效果都比较好，但是投资成本大，适合规模化草种生产。另外，应注意在营养生长后期或开花初期适当缺水对提高种子产量有一定的好处，然后在整个开花期保持灌水可以提高种子产量。

问 68　针对牧草种子生产田，如何进行杂草防治？

答　①生态防治。在杂草危害较轻时，不使用化学农药，而应通过合理的田间管理措施来控制杂草。选种用地时，尽量避开杂草丛生的地方。另外，在选择牧草播种期时尽量避开杂草生长期。牧草出苗后提高田间管理水平，增强牧草的竞争力。播种前可用低毒无残留的触杀型除草剂灭杀种子田的多数杂草，例如可采用百草枯进行灭除，用量为每亩 100 毫升、20% 的有效成分；可选择将氟乐灵施入土壤表层，可在杂草萌发前杀死杂草。此类杂草灭除剂一般在播种前 14～20 天使用。②牧草萌发出苗后，则使用选择性的除草剂。针对禾本科牧草种子田，可以使用 2－甲－4－氯丙酸、2，4－D 丁酯、溴苯腈等杀灭阔叶杂草，用三氯乙酸可以杀死禾本科杂草野燕麦。针对豆科牧草种子田，苗后控制可用 2－甲－4－氯丙酸、2，4－D 丁酯、碘苯腈、溴苯腈等防治阔叶杂草。在紫花苜蓿、红豆草、百脉根和红三叶的种子田中可使用敌草隆、拿草特、去莠津等防除。

问 69　牧草种子生产时，如何进行病虫害防治？

答　①选用抗病品种。②播种没有病虫害的种子。③化学药物防治。例如麦角病可用每亩施 1.2 千克唑菌酮或 8.3 千克叠氮钠进行防治。用三溴磷可有效防治紫花苜蓿种子生产田里的害虫。用 1 000 倍液的多菌灵或甲基托布津喷雾可防治白粉病、菌核病。每亩用 0.6～1.3 克的吡虫啉防治蓟马、蚜虫等害虫。④轮作。连续多年种植一种（或一个品种）的牧草，会增加这种牧草田间的病虫害数量，经常轮作可以避免病虫害的积累。因为，合理轮作使病虫失去了寄主，可以减少病虫害数量。⑤消灭残茬。种子田收获后留下的残茬是病原和病虫害的萌发地，不消灭残茬对下一生长季的牧草有很大的威胁。

问70　种子生产，如何进行辅助授粉？

答　①禾本科牧草授粉。在禾本科牧草盛花期间，选择开花最多的一天（晴朗、干燥有微风更佳）进行辅助授粉。授粉方式可使用绳索或线网拉直绷紧从草丛上掠过，可用人工也可使用机械固定绳索或线网。②豆科牧草授粉。与禾本科牧草不同，豆科牧草属于虫媒花。所以，最好在种子田里配置一定数量的蜂箱或者蜂巢。由于豆科牧草的花形态各异，养蜂的种类也应该有所选择。在大田生产中，常见的蜂种类可选择切叶蜂、碱蜂、蜜蜂和蟥蜂等。例如，切叶蜂和碱蜂对紫花苜蓿的授粉效果较好；蜜蜂对百脉根有很好的授粉效果，蟥蜂对红三叶有特别好的授粉效果。在有经验的基础上，可配置相应种类的蜂种，效果更佳。一般15亩的种子田上可配置3～10个蜂箱。

问71　种子收获后，种子田还需要如何处理？

答　①清理残茬。牧草种子收获后可清理田间的残茬，田间的秸秆、残茬影响牧草分蘖的形成，影响低温春化和生殖枝的形成，故清理残茬至关重要。清理残茬常见的方式有：刈割、放牧和火烧。对于夏末秋初雨水较多的地区，可以采用刈割或者放牧的方式清理残茬。对于夏秋干旱，种子收获后进入休眠期的地区，牧草收获后可以马上焚烧，可以提高第二年草种子的产量。②疏枝。对于那些多年生牧草，种植年数的增加，枝条密度和植株的盖度增加，株苗之间的竞争加剧，会影响次年牧草种子的产量。可以用耙地或者中耕、行内疏枝等方法减少枝条密度和植株的盖度。多年生牧草的疏枝，可以增加次年甚至是后连续几年的草种产量，此措施不可忽视。

十、 牧草种子收获与贮藏常遇到的问题

问72 牧草种子的成熟过程分几个阶段？

答 种子成熟是指种子在干物质积累或生理特性上达到充分发育的阶段，种子在形态、大小、颜色达到本种固有的特征并具有正常发芽能力。判断草种成熟阶段，从种子本身的生理变化和含水量的变化以及种子形态、色泽等特征确定。禾本科种子的成熟阶段分为：①乳熟期。这是草种成熟经历的第一阶段，表现为颖果是绿色，内含物呈白色乳汁状，种子体积已经达到固有大小，胚发育已经完成。②蜡熟期。此阶段为种子成熟的第二阶段，胚乳呈蜡质状，本阶段后期籽粒逐渐硬化。③完熟期。此为草种成熟的最后一个阶段，表现为整粒种子发硬，挤压不易破碎，种子呈固定色泽，为适宜收获期。豆科牧草种子的成熟阶段分为：①绿熟期。此时，种子体积基本长足，容易挤破。②黄熟前期。种子体积达到最大，比较硬，容易用指甲划破。③黄熟后期。种子体积缩小，较硬，不易用指

甲划破。④完熟期。种子呈现固有色泽，坚硬。

问73 牧草种子的形态构造是怎样的？

答 种子在植物进化过程中出现了结构和功能的适应性特化。根据不同植物有性繁殖的特点，可将种子大致分为真种子、类似种子的果实、带有附属物的真种子或果实。种子又由胚珠发育而成，主要由胚、胚乳、种皮三部分组成。其中，胚是未发育的雏形植物，由卵细胞和精核受精后发育而来，在发芽时长出幼苗；虽然各类植物胚的组成部分和发育程度不同，但构成胚的器官大部分是相同的，由胚芽、胚根、胚轴、子叶四部分组成。胚乳是被子植物双受精后的极核发育成的三倍体营养组织；种皮是种子外部的覆盖物，由珠被发育而来，起着保护种子的作用。种子的形态特征和构造及其形状，是鉴别种和品种的重要依据，同时也和种子的清选、分级及安全贮藏有关系，不同的种子虽然在形状、大小和颜色各方面有差异，但基本结构是一致的。

问74 如何判断草种的收获时间？

答 确定种子的最佳收获期必须综合考虑种子的成熟度、落粒情况及收获方法。正常情况下，通过种子含水量可判断其成熟度，当含水量到45%时即可收获。多年生禾本科牧草含水量为43%最佳，若低于此含量，落粒严重、损失增加。牧草开花结束10天之后每两天测定一次水分，是相对科学和准确的。若用联合收割机收获草种，应在完熟期进行；若人工收获，应提前至蜡熟期。豆科牧草草种收获时间的确定，一般需要观察草层成熟度。

问 75　牧草种子的收获方法有哪些？

答　牧草种子收获，可用联合收割机或人工收获。在一些大型种子生产基地或种子场可用联合收割机收获，其特点是速度快，并省去了人工收获时所必需的工序，如打捆束、晒干、运输、堆垛及脱粒等。在种子田面积小、地势不平的地块，需要人工收获，也有用手扶拖拉机或用畜拉收割机。机械收获时应选择晴朗无风的天气，易于种子脱粒并减少损失。联合收割机的速度每小时不超过 1.2 公里。而人工收获时，最好在清晨有雾的时候进行，防止种子易脱落造成损失，人工收获的时间一般比机械收获要早一些。牧草收割后，先铺放于田间或捆成草束，然后经过一段时间再进行脱粒。豆科牧草种子成熟时，植株还未停止生长，茎叶长久处于青绿状态，因此不易收获。种子收获之前进行干燥处理，常用地面喷雾器喷施化学干燥剂，喷施后 3～5 天，直接用联合收割机进行收割。

问 76　牧草种子的贮藏方式有哪些？

答　禾本科牧草草种入库的含水量不应超过 15%，豆科牧草不应超过 13%，低温干燥有利于种子的保存。①散堆贮藏。将种子散堆在仓库中，对仓库和种子的要求比较高，种子的含水量要比其安全贮藏水分低 1%。例如，夏秋季温度较高不能堆放，而且暴晒后的种子冷却后才可堆放。②包装贮藏。用麻袋、编织袋等进行包装，也要求种子水分含量为 13% ~ 14%。堆放的方式有"非"字形、半"非"字形堆垛法，距仓壁 0.5米，垛与垛之间留出 0.6 米宽的走道，以利于通风、管理和检查。③低温贮藏法。用于长期低温贮藏草种，造价较高。④干燥密闭贮藏。仓底部可垫 15 ~ 20 厘米干燥谷壳防潮，在上面套塑料袋，袋内种子上层要放一些干燥剂，以保持干燥，有利于隔湿。一般情况下要求种子库在朝阳、地下水位低的地方，土质必须坚实可靠。种子仓库本身要通风干燥，防湿、防鼠虫害，并且取用方便。

问 77　种子贮存的基本要求是什么？

答　种子贮存的基本要求是延长种子贮存寿命，保持其活力。在种子贮藏过程中影响其寿命的因素有很多，如自身的遗传特性、生理状况和水分含量等。尤其是水分含量，水分含量越高，呼吸作用越强，消耗营养物质越多，所以充分干燥是延长种子寿命的基本条件。其实，在低温条件下贮存较长时间，仍能保持种子活力和原有的遗传特性，但对种子寿命来说，种子含水量比贮藏温度更为重要，即使没有冷藏条件，适度干燥也能大大延长种子贮藏寿命。

问 78　牧草种子在常温下贮藏应注意什么？

答　目前常见的牧草种子贮藏是用纺织纤维麻袋装袋后贮藏，有实垛法、通风垛法、"非"字形、半"非"字形垛法。防止种子靠墙易被阴湿，任何一种堆垛应该与墙壁至少留出 0.5 米的宽度。垛与垛之间也需要间隔 0.6 米的操作道，地面也应该至少铺距地面 15 厘米的垫板，防止地面影响而受潮发霉。满足以上几点要求后，垛高和垛宽依照种子干燥程度和种子的状况决定。堆垛方向与库房的门窗相平行，若库房的门窗为南北走向，则种子麻袋应南北走向堆垛，便于空气流通。

问 79 牧草种密闭贮存的关键是什么？

答 贮藏的核心在于低温保存，必须能有效抑制种子中酶的活性、抑制微生物和害虫，要求温度一般为 4℃ 以下。如果有条件的话，将种子置于低温处降温，当降到一定程度后，迅速将冷却的种子入库，密闭隔热。密闭方法可尝试在表面覆盖塑料膜或其他导热性能差的材料，薄膜上再覆盖一层干沙子，起到隔热密闭的作用，达到安全贮藏的目的。同时也可以尝试窖储，地窖里传热慢，有利于控制温度和湿度。因地窖常潮湿，故要求种子干燥，并做好密封工作，要求封包质量好，防止吸潮发霉。用制冷剂调节仓库的温度、湿度和空气状况，以延长种子寿命提高其保存质量。

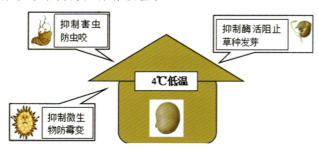

草种低温保存关键

问 80 种子入库后，如何进行仓库管理？

答 ①密封。可根据实际情况使用密封材料进行单件密封、货架密封、按垛密封或整库密封，除此之外，门窗关严。②除湿。用吸湿剂或冷却去湿机凝结，去除空气中的水分。吸湿剂可选用石灰、硅胶、氯化钙和木炭等。③防漏。经常进行库房检修，及时晾晒潮湿的种子，以免发霉影响其他种子。④通风。对比库内库外温度、湿度情况，借助风力、风向通风，若在仓库安装排风扇和送风扇，效果更佳。通风和密闭并不冲突，两者相结合，通风效果才更好。⑤建立管理制度。实行专人、专账管理，保证仓外不留垃圾、污水和杂草，仓内墙壁整洁干净，经常打扫消毒。经常检查种子温度、种子含水量、发芽率及虫害、鼠害及霉变等情况。

问 81 如何判断牧草种子的成熟度？

答 种子的成熟阶段可分为乳熟期、蜡熟期和完熟期。乳熟期的种子为绿色，含水多、质软，含乳白色浆汁，种子易弄破。这个时期的种子干燥后轻而不饱满，发芽率和种子产量都很低，绝大部分不具有种用价值。蜡熟期的种子，呈蜡质状，果实的上部分呈紫色或灰色，但部分种子仍保持浅绿色斑点，种子很容易用手指切断。完熟期的种子坚硬、饱满，碎裂时有响声。蜡熟期与完熟期是牧草种子收获的较适宜时期。蜡熟期收获的种子，水分含量稍高，千粒重及发芽率稍低于完熟期的种子，但收获种子的落粒性较完熟期收获的要好一些。一般有机械收种的可在完熟期进行，而人工收种时应在蜡熟期进行。大部分牧草种子开花时间较长，种子成熟也不一致，而且很多牧草的种子在成熟时很容易脱粒，收获不及时或收获方法不当，会造成很大损失。所以，必须了解各种牧草的草种特性，不同收获方法的适宜收获时期以及该牧草植株、穗及荚果的特征和种子脱落的情况，做到及时收获。

问 82 牧户收种时，如何减少牧草种子混杂的发生？

答 ①播种前检疫检查。检查有无检疫性杂草，防止其他物种侵入。检查牧草品种的纯净度，要求纯净度为98%以上。不符合要求的，则进行清选等措施处理。②播种时需分片种植。几种牧草（品种）混播时，做好牧草品种播种布局，田间间距应达到200～400米。为防止机械混杂，可以留出25～30米的保护带，在保护带上种植容易区分的其他作物。收草时边行牧草要分开收获，不作种用。③轮作时合理安排。注意做好轮作安排，在同一地块上种植形态上较难区分的种子，应间隔2～3年或更长。④错开播期分批收获。根据牧草开花期、结实期和成熟期的差别，错开不同品种牧草的播种期，同时及时清除田间杂草。分批收获不同品种的牧草，存放处、晾晒处、脱粒处一定要严格分开。⑤严格包装防止鼠害。储藏牧草种子采用包装形式，不要随意堆积，包装袋写明牧草种名称、收获日期、保存时间，同样的标签还要在袋内放一张。还应注意防止老鼠危害。

问 83 牧草种子如何进行清选？

答 种子收获后，含有很多杂质、废种子、异种、颖壳、茎、砂、石等，需要对种子进行清选。在种子的清选方法中普遍采用的是风选和筛选，或二者结合。方法比较简单，要求有一个平坦的场地。现阶段种子生产基地都已采用清选机进行清选，常用的清选机械有以下两种：①风筛清选机。风筛清选机是根据种子大小、尺寸、形状和重量的不同进行清选和分级。它是一种常见的清选机，被广泛地利用于各种农作物和牧草种子的预清、初清、细清和分选工序中。风筛清选机配备有不同形状和孔眼尺寸的筛子，并采用气流流量和方向可调的风机（风扇）。筛子用于尺寸和形状分选，空气室用于重力分选。风选清选机有平筛摆动和振动、圆筒筛转动两种类型。②比重清选机。又称重力分级台、流式分级台，是按种子比重或密度不同而分选的，常用于种子分级，有时也用于清选。

"瑞雪"牌5XZC系列型移动式种子清选机

军垦5XFZ—26比重复式清选机

问 84　种子水分测定的方法有哪些？

答　①高恒温烘。将样品放在 130～133℃ 的温度条件下，烘 1～2 小时。如箭筈豌豆含水量的测定过程如下：选择恒重的称量容器。将恒重的称量容器（铝盒）洗净后，在 130℃ 条件下烘 1 小时，然后在干燥器中冷却后称重，再继续烘 30 分钟，取出后冷却称重，当两次烘干结果误差小于或者等于 0.002 克时，取平均值。否则，继续烘至恒重。②预调烘箱温度。按要求调好烘箱所需温度，稳定在 130～133℃。③样品制备。将送检样品装于密闭容器内并充分混合，从中取出两个试验样品15～25 克（去除杂质），磨碎放入磨口瓶内。④称样烘干。将处理好的样品在磨口瓶内充分混合，用感量天平称取两份试样（4.5～5.0 克），放于铝盒中，盒盖套于盒底，记录盒号、盒重和样品的实际重量，样品均匀铺于样品盒里，放入预先调好的烘干箱内。当烘干箱温度回升至 130～133℃ 时开始计算时间。到达规定时间后，盖好盒盖，放入干燥器冷却30～45 分钟后称重。

> **注意：** 通常禾谷类饲料作物烘干时间为2小时，牧草、草坪草及其他饲料作物需1小时。

问 85　收获种子后，如何降低牧草种子的含水量？

答　完熟期收获的牧草种子水分并没有达到安全贮藏的水分条件，故仍需要干燥。①自然干燥。草种收获后可以用低成本的方法进行干燥，将种子平铺于平坦的晾晒场内，充分利用阳光暴晒、风干等方法来降低种子含水量。或者为避免种子掉落损失，直接将收割后的牧草株捆平铺在晒场上，均匀地摊晒。在晾晒的过程中每隔数小时进行翻晒。当种子干燥到一定程度后即可用石碾等镇压器进行碾压，碾压多次后草种基本全部脱离株体，即可将草秆搂到边上。利用风吹干燥和阳光暴晒的方法，也可灭菌杀虫促进种子完成后熟作用。②人工干燥法。该方法是利用各种干燥机械设备对种子进行干燥，此干燥法成本较高。

问86 种子干燥有哪几种常见的方法？

答 ①自然资源干燥。利用阳光、风等自然资源，或者以自然为主，辅以一些人工条件使种子含水量降低达到或接近安全贮藏标准。②机械干燥。用送风机将外界冷凉干燥空气吹入种子堆中，这种方法比较简单。另外，也可以利用机械加热空气，使其作为干燥介质直接通过种子层，使种子水分汽化。③干燥剂干燥。将种子干燥剂按一定比例放入密封容器内，不断吸收种子扩散出的水分，直至达到平衡水分为止。④冷冻干燥。使种子在冰点以下的温度产生冻结，利用生化作用除去水分，达到干燥目的。⑤"双十五"干燥法。采用温度15℃、相对湿度15%左右的干燥条件使种子干燥。

问87 牧草种子收获后，如何进一步提高牧草种子的质量？

答 ①选种。可进行风选、筛选和水溶液选择。播种材料经过实验室检验之后，播种之前仍须选种，目的是将不饱满的籽粒皮壳去掉。常用的方法是用泥水、盐水和硫酸铵溶液选种。其原理为较大的充实饱满种子常沉于溶液下部，而皮壳、瘪粒浮于溶液上面，硫酸铵溶液选种比较方便经济。②浸种。凡土壤潮湿或可灌溉者，种子应用温水浸种。③豆科硬粒种子的处理。播前用石碾拌粗沙擦伤种皮可使其容易吸水，发芽快而整齐。④去壳、去芒。带壳种子发芽率低，有芒的禾本科种子播种极为不便，都应去壳、去芒，以利播种。⑤根瘤菌接种。根瘤菌接种可以降低氮肥的使用成本，提高牧草的产量。

问88　牧草种子如何进行去芒处理和催芽处理？

答　牧草未进行处理之前一般都带有芒，芒或者颖片等附属物会影响牧草播种量和播种效果，应该进行去芒处理。其方法就是：采用去芒机或用碾压机碾压后进行风选、筛选或水溶液选。豆科、菊科的草种，在播种前进行催芽处理，其方法是：将种子浸泡在温水中，水温和浸泡时间长短可根据种子特点进行，或者根据长期形成的经验进行操作。

问89　如何判断牧草种子质量是否优良？

答　优良品种是相比较而言的，优良的土质在适宜的季节配合以科学的栽培管理方式，生产出的草种品质较好。优良草种通常具有以下特点：①草种产量高。在一定的栽培管理条件下，能获得较高产

鸭茅草种

量。②品种早熟性好。早熟性较好的种子可以获得较高的前期产量，就能在短时间内提高效益。③草种品质佳。草种的外观品质好、营养成分高、产量高。④抗逆境能力较强。对不良环境的适应能力强，草种的抗寒、抗旱耐热性强等。⑤抗病、虫能力强。在病虫害发生季节，也能获得稳定的高产量。⑥耐贮运。耐贮藏运输的品种，对保证周年供应、调剂淡旺季的余缺及异地供应能发挥较大作用。

问 90　感官判断牧草种子质量的方法有哪些？

答　①看。观察牧草种子是否饱满，是否均匀一致；有无杂质或杂质含量有多少；瘪粒、不完整的颗粒有多少；色泽是否正常，有无虫害、霉变；观察种子有无芒。②闻。闻是否有霉烂、变质或异味。发芽的种子一般都带有异味，发霉的种子带有酸味或酒味。③触。主要用手感对种子水分含量进行简单判断：将手插入种子袋内感觉种子松散、滑、阻力小、有响声，用手抓种子时，种子容易从手中流落，则水分含量较小，否则水分含量就大。④咬。用牙齿切断种子籽粒，若感觉费力，声音清脆、籽粒端面掉粉、端面整齐则水分含量低。⑤听。抓一把种子紧紧握住，五指活动，听有无沙沙响声，一般声音越大，水分含量越少。

问 91　如何保证收获的牧草种子安全越冬？

答　①严格把控种子水分。在冷空气到来之前，含水量必须降到种子水分贮藏安全范围 14% 以下，否则种子水分含量高如若遭遇冷空气，易发生冻害，使种子丧失发芽能力。②严格把控种子质量。牧草种子的纯净度较低时，说明牧草种子中有其他植物种子、破碎种子、尘土杂质等，这些不利因素的存在会给牧草种子安全越冬造成威胁。③严格控制种子仓库湿度。储存牧草种子的仓库应保持干燥、通风。保证仓库不漏雨雪、仓库地面及壁不潮湿。必要时，进行人工通风，使种子经常处在干燥的状态中。④包装袋透气。不要用塑料袋装草种，塑料袋不透气，种子呼吸作用产生的二氧化碳、水分及热量散发不出去，易造成种子霉变。⑤保证经常检查。检查种子是否受潮，检查种子是否被虫蛀鼠咬，定期检查种子的发芽率和发芽势。

十一、草地的建植、管护与利用

问92 川西北人工草地建植技术要求有哪些？

答 ①地段选择。选择平坦开阔、交通方便的亚高山草甸草地，鼠荒地、撂荒地以及暖季闲置的牲畜卧圈地。②土壤测定。有条件的应测定土壤养分，以便制定施肥计划。③地面处理。平整地面：清除地面的石块、小灌木残株等杂物，填埋鼠洞等。除杂：杂草返青后到播种前，晴天露水干燥后均匀喷施阔叶除草剂。施基肥：视土壤肥力情况，播种前每亩施入1 000～3 000 千克或每亩 10～15 千克的复合肥。建排水沟渠：在地势低洼处建立排水沟渠防止积水。安装网围栏：播种前安装网围栏。④播种技术。禾本科与豆科牧草的比例按 7∶3 混合，如燕麦或黑麦草与箭筈豌豆或光叶紫花苕进行一年生组合混播，混播量按照单播量的 70%～80% 计算。种子播前处理：用50～55℃的温水浸泡 10～15 分钟；对硬实种子进行机械划破处理。根瘤菌接种：未曾种植过豆科作物的牧草地，首次种植豆科牧草应接种根瘤菌。蔺草等小粒种子覆土 1～2 厘米，披碱草、红豆草、老芒麦等大粒种子覆土 2～3 厘米。⑤田间管理技术。补播：苗期成活率低于 80% 进行补播。除杂：禾本科牧草三叶期后于晴朗天气喷施阔叶除草剂，除去双子叶杂类草。豆科牧草地只能人工拔除。追肥：分蘖期追施速效氮肥，每亩 5~8 千克速效氮肥。鼠虫害防治：发生鼠虫危害时，采用物理、生物和化学方法进行防治。刈割：禾本科应在抽穗期—开花期刈割，豆科牧草在现蕾期—初花期刈割，中等高度牧草留茬 5~6 厘米，高大草本留茬 8~10 厘米。

人工草地建植技术流程图

问 93　哪些草种适用于川西北高寒地区人工种草？

答　适用于人工种草的草种有很多，通常选择豆科牧草和禾本科牧草。豆科牧草又有多年生和一年生之分，多年生包括杂花苜蓿、紫花苜蓿、红豆草、扁蓄豆等，其中以杂花苜蓿最耐寒耐旱，主要品种有阿尔冈金和甘农 1 号；一年生以箭筈豌豆和毛苕子为主，优先选择枝繁叶茂等品种，单播混播均可。禾本科牧草也有多年生与一年生之分，多年生根据植株高度又有高禾矮禾之分。多年生高禾草主要是老芒麦和披碱草，前者产量高、质量优，而后者适应性更强一些，老芒麦等主要的品种有青牧 1 号和川草 1、2 号，披碱草的主要品种有康巴垂穗披碱草和阿坝垂穗披碱草；多年生矮禾草主要是早熟禾属和羊茅属，如草地早熟禾、紫羊茅等；一年生禾草主要用于"圈窝子"种草，如燕麦、黑麦草等，主要品种有阿坝燕麦、阿伯德多花黑麦草等。

问 94　草地培育改良的有效措施有哪些？

答　①草地封育。此方法适用于草地未受到根本性的伤害，将草地暂时封闭一段时间，不放牧不割草，使草地自行修复。常选择简便易行、牢固耐月的网围栏进行围封。②延迟放牧。让家畜晚于正常开始放牧的时期进入放牧地。③划破草皮。此措施可改善草皮的通气条件，提高土壤墒情，进而提高草地生产力。小面积草地用拖拉机牵引的机具（松土补播机、燕尾犁）进行划破，由草皮厚度决定，一般破土 10～20 厘米为宜，行距 30～60 厘米，时间一般是早春或晚秋。④草地松耙。根茎型禾草或根茎疏丛型草类为主的草地松耙效果较好，丛生禾草、豆科牧草为主的草地不宜松耙。

问 95　怎样合理利用刈割草地？

答　①适宜的刈割时期。草地的刈割时期一般看牧草的生长高度和牧草的生育期。牧草生长高度是体现产量的一个指标，根据牧草的利用目的可在适宜的生育期进行刈割。②适宜的留茬高度。留茬高度不仅影响牧草产量，而且对牧草次年的再生情况有重要影响。通常情况下刈割草地的留茬高度为上繁草 4～6 厘米，下繁草 2～4 厘米，这个数值不是绝对性的，仅作参考。因为，牧草的留茬高度还跟土壤类型等其他条件有关。③合理的刈割次数。刈割次数主要依据当地的气候条件、土壤情况、牧草的生长特性和生长状况确定。在实践的过程中，可总结生产经验。④分区刈割。根据家畜种类、数量、年龄等分析饲草的需求量情况，再结合草地产量，把草地划分为若干小区，进行划区后轮流刈割。

问96　怎样合理利用放牧草地？

答　放牧草地多数为天然形成，很少甚至无须花费人工成本进行维护，因此，放牧草地利用是最简单、最经济的使用方式，但应注意合理利用，否则草地利用过度很难恢复。①选择合适的放牧时间。选择适宜的放牧时间放牧，能利用家畜啃食，结合牧草自身的生长规律，促进牧草生长并提高牧草产量。放牧过早，影响牧草产量及再生性，放牧晚影响牧草品质，降低牧草利用率。根据此两点建议积累经验。②控制好放牧强度。根据不同的草地类型，考虑牧草的生长期、耐牧性、放牧利用方式等综合因素确定草地的利用率。③选择划区轮牧。根据草地的地形地势、植被状况等，先将草地划分为若干季节放牧区，再分成若干轮牧区，按照一定的顺序逐区放牧。这种方法可以充分利用草地、改善植被状况、提高生产力。

问97　如何进行草地补播？

答　①补播草种应选择适应当地条件、生命力强的野生牧草或栽培驯化的牧草进行补播。选择适口性好、营养价值和产量高的牧草。割草选择上繁草草种，放牧选择下繁草草种。②补播时期选择原有植被发育最慢的时期进行补播，一般在春季或秋季进行补播。北方地区考虑夏季较合适。③播种方式多为人工撒播或飞机撒播，根据待播草场而定。④播种量和播种深度。禾本科牧草常用播量为 1～1.5 千克/亩，豆科牧草为 0.5～1 千克/亩。一般播种深度为 3～4 厘米，黏重土壤适合浅播，质地疏松的土壤适宜深播一些。

> 释义：上繁草以生殖枝和长营养枝为主，叶子占株丛上部分布比例较大，植株较为高大。下繁草以短营养枝为主，叶子集中于株丛下部，植株较为低矮。

问 98　建植人工草地时如何选择混播牧草的种类？

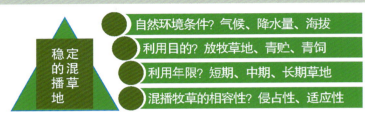

稳定的混播草地

● 自然环境条件？气候、降水量、海拔

● 利用目的？放牧草地、青贮、青饲

● 利用年限？短期、中期、长期草地

● 混播牧草的相容性？侵占性、适应性

混播草地草种选择考虑因素

答　①考虑自然环境条件。选择草种应结合当地气候、海拔、土壤和降水量等自然因素综合考虑。②考虑牧草的利用目的。青贮或调制干草应选择中寿命的禾草和直根型豆科牧草混播，再配比一定的一、二年生的禾草，前提是保证牧草成熟期一致，如无芒雀麦和紫花苜蓿混播；放牧草地则选择再生性强、分蘖强、耐践踏、适口性要求一致的牧草草种，成熟期不要求；割草放牧草地，可用中等寿命二年生草，以及长寿命放牧型豆科、禾本科牧草。③考虑利用年限。④考虑混播牧草的相容性。混播牧草要具备相似的侵占性和适应性。

问 99　如何管理免耕补播草地？

答　①杂草防除。主要针对撂荒地和牲畜卧圈、卧地或播前全清除或部分清除地面植被。种植 1～2 年后杂草比较多的免耕多年生草地必须进行杂草防除。播前未进行地面处理的草地，应在播种当年苗期或禾草分蘖期除杂；播前进行地面处理后，因杂草较多必须防除，一般在春季杂草返青后的 6 月中下旬为宜。每亩用 97－1 除杂剂或 2，4－D 丁酯 0.2 千克，兑水 50 千克，于晴天叶面喷施。②围栏封育。凡用于打草的免耕人工草地，须用围栏封育，在牧草生长期间严禁放牧牲畜。③施肥。免耕多年生人工草地，可于每年冬季适度放牧羊群，以其粪尿施肥，再于翌年春季牧草分蘖期亩施尿素 5 千克，或叶面喷施"施丰乐"（每亩用量 0.005 千克，兑水 50 千克），具有显著的增产效果。

问 100　喷洒除草剂的机具及其注意事项有哪些？

答　飞机喷洒具有效率高、节省劳动力、喷洒均匀和耗药少等优点。在大面积草地上采用飞机喷洒是最经济有效的方法。机引喷雾是一种用拖拉机等农用机动车辆牵引的喷雾器。每天可处理 40～50 公顷，药液消耗量为 100～200 升/公顷。在大面积喷药前，必须进行小区试验，以确定用量及浓度等。喷药时，选择温度较高（20℃左右）、阳光充足的天气进行，喷药后 24 小时应保证晴天，否则应重喷。

问 101　如何确定人工草地牧草收获的时间？

答　①考虑总可消化养分产量。众所周知，确定禾本科或者豆科牧草适宜的收获时间，首先得考虑两个方面：一是牧草产量，二是营养物质的含量。如何进行二者的衡量，最终看牧草的总可消化养分产量（牧草产量和总可消化养分含量的乘积）最高时即可。②有利于草地再生。如果种植多年生牧草或者越年生牧草，刈割时间和留茬高度应有利于当年牧草的越冬和来年的返青再生。③考虑利用目的。因不同的利用方式如：青饲、调制干草或者青贮，牧草的刈割时期则有所调整。④天然草种考虑优势种。天然的割草场，最适的刈割时间应该以草场优势种的割草时间为参照。

问 102   过度放牧对草地有什么影响?

答   过度放牧影响草原植被群落、盖度、生物量及土壤特性等。牛羊啃食较多的牧草,影响到牧草再生,再加上牛羊在草地上过度践踏,导致土壤板结,使草场退化,草地沙漠化。草地退化不仅对畜牧业影响严重,造成严重的生态

过度放牧退化草地

环境问题,甚至影响到人类的生存,所以,一定要引起重视。

问 103   退化草地怎么恢复?

答   对于退化不严重的草地,仍有望恢复。退化草地的恢复主要靠政策上宣传和行为上干预。通过加强宣传教育,让牧民真正认识到超载放牧的危害。遇到灾害时,政府带头众筹资金,帮助、指导牧民解决眼前的生机问题。省人民政府草原行政主管部门根据草原生态预警监测情况,划定草原禁牧区。县级人民政府根据划定的草原禁牧区,发布禁牧令,在草原禁牧区域的主要出入口、围栏区应当明确草原禁牧区域的四至界限、禁牧期限等。乡、镇人民政府负责辖区内草原禁牧工作,在农牧民中选拔配备专职草原监督管理人员,加强监督管理。相关政府部门引导农牧民保护草原植被,改善草原生态环境。

问 104   为什么要禁牧?

答   禁牧就是对草地实施 1 年以上的封育或者长期禁止放牧,这样做的目的是迅速和彻底地恢复草地植被,发挥其水源涵养、水土保持、防沙固沙、保护生物多样性、养育野生动物

等重要等生态功能。一般在生态脆弱区、水源地、过度放牧等导致退化草地、沙化地，具有生态价值的地方需要禁牧。禁牧可以使植被在自然的状态下迅速恢复，一般轻度退化草地禁牧3～4年后可恢复到退化前的水平。值得一提的是，禁牧是生态灭鼠、保护草原最有效的一种方法。

问 105　禁牧需要注意些什么？

答　禁牧需要注意禁牧时间。一般禁牧1年为最小时限，这样植物才能完成一个生长周期。如果禁牧后植被恢复达不到预期目标，禁牧措施还可以延续若干年，在这段时间牧民需要做好放牧规划，选择合适的放牧地，严禁在禁牧区放牧，注意禁牧标识和围栏等警示设施。同时，解除禁牧需要根据初级生产力和植被盖度作为判断依据，一般来说，当禁牧区的年产草量超过该地区理论载畜量（家畜年需草量的2倍）时，就可以解除禁牧。大家可以密切关注国家相关行政主管部门发布的公告和通知。

问 106　季节性轮牧怎么做？

答　季节性轮牧是根据地形、气候、牧草生长季节的变化和牲畜采食需要，在不同季节不同区域放牧的方式。高山地区是冬放河谷、春秋放半山、夏季放山巅；地势较平坦的地区则是进行四季放牧，根据气候变化而定。除此之外，牧民还可以根据天气情况进行放牧，天气好、没下雪可以选择离定居点稍远的阴坡草场进行放牧；反之，天气不好或者气温较低，则选择离定居点稍近的阳坡草场。夏季选择海拔较高，离定居点较远的高山草场放牧。这种技术简单实用，能够很好地利用草场，防止草地退化。牧民朋友在世世代代的放牧中，积累了丰富的放牧实践经验，简单总结起来就是"两赶""三看"，更替放牧和分片轮牧。"两赶"就是春赶青草、秋赶草籽；"三看"就是一看天气、二看草场、三看牲畜（看牲畜主要就是早上看粪便，晚上看磨牙、反刍，平时看膘情）。

问 107 如何防除草地有毒有害植物？

答 ①人工和机械防除。选择雨后进行，此时土壤比较疏松，利用人力或机械进行除杂，最好连根铲除。防除的时间最晚赶在杂草或毒草结实前进行。防除后应该将毒杂草清除出去。②化学防除。2，4－D 类除草剂：它是一种内吸型选择性除草剂，对双子叶杂草杀伤作用强，而对单子叶植物效果差。2M－4X 这类除草剂对双子叶植物具有较强的杀伤力。除草醚是触杀型除草剂，有一定的选择性，可以灭杀如狗尾草、蓼、藜等多种一年生和多年生杂草。茅草枯是内吸型选择性除草剂，对狭叶单子叶植物有强烈的杀伤作用，对双子叶植物效果较差。除草剂的使用方法分为叶面处理和土壤处理两种。在草地上多用叶面处理的方法，即用水将药剂稀释到规定浓度，用各种方式将药喷洒到植物叶面使之受害，达到消灭杂草或有毒、有害植物的目的。地面土壤处理方法主要采用土拌或药拌，直接撒播或将一定浓度药液喷洒在土壤表面达到防除效果。

问 108 灭鼠选择什么季节最好？

答 毒饵法消灭鼠类的最适宜时期是冬、春季节的 11 月份至第二年3月份。因这一时期植物全部枯死，根茎型植物的根芽还未萌发，随着气温的下降、土层冻结、食物减少，鼠类觅食困难，这时撒布人工毒饵，鼠类容易贪食而中毒死亡。雪后灭鼠具有独特的效果。雪后，凡无鼠洞皆被雪封闭，而有鼠洞口则被鼠重新挖开；同时，地面上可食的食物皆被雪覆盖，增加了鼠类采食毒饵的机会，此时在鼠洞口投放毒饵，灭效很好。此外，冬春季节还处于休牧期，减少了对人畜的危害，更加安全可靠。投药牧场严禁放牧。

问109 如何用物理方法防治鼠害？

答 ①鼠夹捕杀。常用中号的鼠夹有木板夹、铁丝夹、铁板夹、环形夹、弓形夹等。鼠夹子应该放到鼠道旁、鼠洞口和鼠类经常出入的地方。鼠夹上用诱饵或在鼠夹抹上香油等捕杀效果更好。②鼠笼捕杀。鼠笼要放在老鼠经常出入的地方，笼门朝鼠洞的方向，位置要与洞口隔一段距离。③鼠压板捕杀。只要用一支架支撑起（或吊起）石板、木板、宽砖重压板，并在支架上放置好诱饵，当鼠类取食诱饵时，触动支架，重物即落下，将老鼠压死。

问110 草原上常用的鼠害防治方法有哪些？

答 ①"招鹰灵"灭鼠。"招鹰灵"是由杀鼠剂、增效剂、助溶剂等成分制成。该产品对人、畜、禽基本无毒，无公害，对非靶动物无伤害，对环境无污染。在草原上的使用浓度为0.005%~0.01%。②投饵技术。投饵量根据鼠只个体大小、数量多少确定，投饵位置采用定向、定位、近洞投饵。③诱鼠招鹰控鼠。诱鼠关键创建一个老鼠出洞频率高，洞外活动时间长、行动缓慢、反应迟钝的害鼠种群的生态环境，使害鼠个体能有效地暴露在天敌的视野之中，从而诱来大量天敌动物捕食，直到鼠只个体减少到不能维持群集天敌的捕食消耗为止。招鹰有两种方法，立竿招鹰和筑巢招鹰。立竿招鹰是指在草原上每一百或几百平方米立一根5米以上的木杆或竹竿，为鹰类猛禽栖息和俯冲捕食提供方便。筑巢招鹰是在鹰类集中或活动频率高的地方为猛禽筑人工巢，供猛禽栖息、产卵繁殖，以提高天敌数量。两者相结合能达到非常好的效果，灭鼠毒饵诱鼠出洞盗食毒饵，使老鼠处于剧痛、抽搐、蹦跳、拒食等不良反应中。增加老鼠出洞取食、活动的机会，同时致其行动迟缓，暴露在鹰视野中，很容易被鹰捕杀。

十二、 种草养畜常遇到的问题

问111 如何进行种草养畜？

答 ①禾本科、豆科混播。混播应考虑养殖家畜的营养搭配和牧草的季节平衡供应。禾本科碳水化合物丰富、豆科蛋白质含量高，搭配使用效果更佳；冷季型牧草和暖季型牧草可利用不同季节的水光热条件，缓解季节性不平衡的问题。同一草种，早、中、晚品种的搭配，可以延长牧草收割期，提高机械利用率。根据草地的耐牧性和持久性，多采用根茎型或具匍匐茎的牧草。在北方草原区，常用的混播草种有苜蓿、沙打旺、冰草、羊草、无芒雀麦等。②播种时间。播种时间应与牧草本身和当地气候条件相适宜。③水肥管理。通常生产 1 千克干草，耗水量（来自降雨或灌溉）400～800 千克。施肥的话建议施用有机肥，若用无机肥则禾本科牧草应以氮肥为主，豆科牧草以磷钾肥为主。豆科牧草应接种根瘤菌，以提高生物固氮能力。④牧草的收割时期。豆科牧草第一茬宜在现蕾至初花期收割，禾本科草宜在孕穗末至抽穗初期收割。

问 112　针对不同的利用目的，如何选择牧草种？

答　①家畜生产养殖多选择粗纤维含量丰富的多年生牧草或粮饲兼用作物。②若主要用于夏季青饲，应种植产量相对较高的耐高温、抗旱的牧草，如苏丹草、高丹草等。③若调制冬春干草，为解决牛羊冬春季饲用问题，应选择干燥后产量高、叶片不易脱落损失的牧草。④用于冬季青贮时，应选择产量高、碳水化合物丰富的牧草，如饲用玉米、

冬季草场

高丹草等。⑤要想利用年限长，可种植多年生牧草，如紫花苜蓿、红豆草、草木樨等，种植一次即可保证牧草的常年供应。

问 113　如何促进川西北高寒草地牧草安全越冬？

答　①适时收获。确定多年生牧草的收获时期，不但要兼顾到牧草的产量和品质，同时还必须考虑牧草能否安全越冬。收获后保证有 1 个月以上的生长期，才有利于牧草安全越冬。

②留茬高度。留茬高，再生速度就快，反之就慢。最后一茬草的留茬高度与多年生牧草的越冬率成正比。但留茬过高会影响到前茬草的产草量，因此多年生牧草越冬前收割的留茬高度应在 5~10 厘米。③覆土。一般应在封冻前 10 天内进行。覆土深度应在 5 厘米左右，过深会影响来年牧草的返青。④浇封冻水。在霜冻之前浇 1 遍封冻水，可提高越冬牧草 30% 以上的成活率。⑤覆盖。适合小面积草地的越冬保护，在多年生牧草种植地块上覆盖厚 10 厘米左右的秸秆、稻草等覆盖物，来年及时清除可提高牧草的越冬率。

问 114　种草养畜时应注意哪几个问题？

答　①了解牧草特性再进行购买种子。牧民应在正规的草种经营单位购买草种，避免引进恶性杂草。用户应了解牧草的品种特点和栽培技术。②配以科学的种植手段，促进牧草高产稳产。③播前整地与播期适宜。多年生牧草最适宜秋播、春播；一年生牧草适宜春播、秋播，在不发生冻害的情况下以越早越好。④出苗后及时除草和间苗。中耕 2~3 次较佳，配以适当的灌溉和施肥，底肥在播种前施足。⑤及时排水排涝和防治病虫害。⑥适时刈割。一般禾本科刈割时段为抽穗期，豆科牧草为初花期；饲喂反刍家畜可适当刈割迟些，饲喂猪、禽、鱼则可适当刈割早些。⑦饲喂方式。反刍家畜应以鲜喂、青贮、晒干或加工成草粉为主；猪、禽则适宜鲜喂，且将牧草切碎或打浆后饲喂最为适宜，干草宜粉碎后拌入其他饲料中喂给；鱼则适宜将牧草打浆或加工成悬浮颗粒料饲喂。

问 115　高寒牧区冬春季如何防灾抗灾？

答　雪灾是高寒牧区冬春季常见的自然灾害，会造成牲畜掉膘甚至死亡，对牧民的衣食住行造成很大的困扰。为了防灾减灾，在政府的引导支持下，遵循自然规律和经济规律，坚持以防为主，抗、防、救相结合，加强防灾减灾基础设施建设。如修建一定数量的暖棚，用于对牲畜的保暖御寒；建设一些人工或者半人工饲草料生产基地，用于饲草料的生产及加工；修建草料库，用于青干草、干草捆、裹包青贮等应急资源的存储和发放。同时还要加大政策宣传，增强牧民朋友的抗灾防灾减灾意识，了解相关政策支持和保险业务，指导他们有针对性地购买一些牦牛险等，以减轻可能遭受的损失。

问 116　怎样做好草畜配生产？

答　①种草养牛。牛是反刍动物，具有较强的消化利用粗纤维的能力，因此种草养牛应以禾本科牧草为主，合理搭配豆科牧草品种。每头奶牛需要 0.5~0.8 亩的豆科牧草和约 0.6 亩禾本科牧草。②种草养羊。羊也是反刍家畜，具有发达的复胃，因此种草养羊也应以禾本科牧草为主，合理搭配豆科牧草。豆科牧草首选品种是苜蓿，禾本科重点选择高产优质牧草等。在正常生产条件下，每只羊每天需要约 0.15 亩的豆科牧草和约 0.16 亩禾本科牧草。③种草养鹅。鹅具有发达的肌胃和盲肠，对粗纤维有一定的消化能力。种草养鹅应选择多汁、鲜嫩的禾本科牧草，豆科牧草选择紫花苜蓿和叶菜类多汁牧草，如苦荬菜、菊苣等。在正常生产条件下，每 100 只鹅需要约 1 亩豆科牧草，约 2 亩禾本科牧草和多汁类牧草。④其他畜禽。原则上，育肥猪不主张饲喂牧草，如确实需要饲喂牧草，育肥猪应不超过 10%，繁殖母猪可适当增加牧草，但不能超过 20%。鸡、鸭本身不能分泌消化粗纤维素的酶，故很少使用青绿饲料、青贮饲料，仅使用少量优质干草粉，如苜蓿草粉。每亩苜蓿可生产 750 千克左右草粉，可饲养 15 万~20 万只鸡、鸭。

问 117　针对不同的禽畜养殖，常用的牧草种类有哪些？

答　针对不同禽畜，我们可以选择不同的牧草进行种植。①养猪，可以选择菊苣、苜蓿、苦荬菜、黑麦草等草种，通过饲料和牧草相配合，不仅降低了养殖成本，提升了利润，而且还能降低猪的患病率。②养牛羊，可以选择紫花苜蓿、菊苣、墨西哥玉米、苏丹草、甜高粱等；如果是高海拔地区，燕麦、老芒麦、披碱草则是不错的草种选择。③养鱼，可以选择墨西哥玉米、甜高粱、苜蓿、黑麦草、三叶草；近年来，热门的皇竹草也是不错的选择。④养家禽，可以选择菊苣、苜蓿、苦荬菜等，这些草种不仅营养丰富，通过铡碎饲喂，能促进营养均衡吸收，苦荬菜还可防止禽病。⑤养兔，可以选择高蛋白、多纤维、低钙的牧草品种，一般采用多种牧草混合搭配来达到这个目的。高纤维的牧草可以选择墨西哥玉米、狼尾草，高蛋白的牧草可以选择菊苣、苜蓿等。

问 118　如何选择不同秋眠级别的紫花苜蓿种子？

答　紫花苜蓿的秋眠性是反映它的抗寒能力和生产性能的一种生理特性，它决定苜蓿品种的生物特性和生理功能的遗传性。美国把苜蓿的秋眠水平划分为 1～9 级：即 1～3 级为秋眠基因型；4～6 级为半秋眠基因型；7～9 级为非秋眠基因型。在我国，为了适应我们应用苜蓿秋眠性级别的概念，作为苜蓿引种、推广和种植规划的重要选择指标，一般

紫花苜蓿

情况下，我国的西北、东北和内蒙古的大部分地区如辽宁西部、吉林西北部、内蒙古西北部和中部、青海低海拔地区、新疆维吾尔自治区、北部地区，适合种植秋眠级 1～3 级的苜蓿品种；在中原地区、陕西中南部、晋南、陇南、皖北、苏北以及西南大部分地区，适合种植秋眠级 4～6 级的苜蓿品种；在长江以南地大部分地区，适合种植秋眠级 7～9 的苜蓿品种。

问 119　种植豆科牧草前是否需要接种根瘤菌？

答　根瘤菌是一类非常重要的共生固氮菌，它能够侵入豆科植物根部，形成根瘤，在根瘤内利用植物光合作用制造的碳水化合物作为养料，固定空气中的游离氮，制造氮化物供自身营养和植物利用。初建草地前 1～2 年内，需要主动

根瘤菌

接种根瘤菌，因为豆科植物的自然结瘤率都很低，固氮作用受限。土壤条件瘠薄或者过酸、过碱、高盐、干旱板结的土地上必须接种根瘤菌，从未种过任何豆科植物的土壤也需要接种根瘤菌；或者4～5年前种植过豆科植物，但中途间断的也需要接种根瘤菌。根瘤菌具有专一性，固定的一类或几类根瘤菌只能侵染一定种类的豆科植物。因此，种过豆科植物，但与所种牧草为非同一根瘤菌族侵染的土地，亦需接种根瘤菌，购买菌剂需考虑菌剂专一性。

初建地　　盐碱地　　板结地

需接种根瘤菌的土地类型

问 120　在种植牧草过程中，合理施肥需要注意些什么？

答　①考虑环境污染。采用正确的施肥方法，避免江河、湖泊和地下水受到污染。②按需施肥。需要什么施什么，需要多少施多少。③平衡施肥。依据植物对各种养分的需求比例和数量，充分考虑土壤的养分供应情况，按照一定的比例和数量供应植物所需养分，使各种养分实现平衡供应。④均匀施肥。均匀施肥才能充分发挥肥效，获得高产。⑤降低成本。在实现生产目标的前提下，应尽量减少施肥量和施肥次数，以节约开支。⑥提高肥料利用率。改进施肥方法，尽量减少养分的流失。

问 121　冬季饲喂畜禽应选择哪些抗寒的饲料？

答　在严寒的冬季，饲喂畜禽可以适当增加一些抗寒饲料，这样可以增强畜禽的新陈代谢，增强体质，提高抗病力，抵御低温，从而促进畜禽的生长发育。常用的抗寒饲料有以下几种：①牧草或者蔬菜的根皮。根皮中含有可产生御寒作用的矿物质，用作饲料时，可增强养殖动物的抗寒能力，如芹菜根、芫荽根、菠菜根、白菜根等蔬菜下脚料，以及胡萝卜、马铃薯、甘薯等块根，都可以用作御寒饲料。使用这类饲料时，一定要注意保留其外皮。②豆科或禾本科籽实。如黄豆性温味甘，炒用性热，属暖性饲料，含粗蛋白质37.9%，既是优良的植物蛋白饲料，又是抗寒保暖饲料。大麦性温味咸，属暖性饲料，熟用效果好。另外，稻谷、稻草也属于暖性饲料。③添加酒糟等也是不错的选择。酒糟除了含有丰富的蛋白质和矿物质外，还含有一定量的乙醇，热性大，有改善消化功能、加强血液循环、扩张体表血管、产生温暖等作用。

问 122　常见的牧草中毒情况（现象）有哪些？如何进行简单的防治？

答　①臌气病。家畜特别是反刍家畜，食用牧草鲜草后在胃中形成气泡阻碍气体排出，导致胃鼓胀的发生。此情况通常发生在家畜采食如三叶草、紫云英等豆科鲜草时。减少豆科鲜草的食用，添加禾本科牧草或者干草可有效防治。②硝酸盐中毒。家畜食用硝态氮含量较高的牧草或干草时，体内硝酸盐、亚硝酸盐含量增高，吸收氧化血色素中的铁，导致血液输氧阻断的现象。通常发生在家畜食用象草、苏丹草、牛皮菜等牧草硝酸盐含量高时，减少此类牧草的食用，混合低含量牧草，添加粮食精料等可有效防治。③氢氰酸中毒。家畜食用氢氰酸含量高的牧草后，氢氰酸干扰家畜血红细胞的输氧能力，引起家畜窒息而亡的现象。通常发生在家畜食用高粱、苏丹草、高丹草等氢氰酸含量高的牧草时，通过牧草加工、限制放牧可以有效防治。④禾草痉挛症。家畜食用含镁比较缺乏的牧草时，体内钙磷镁比例失调，导致抽搐、痉挛等现象。通常发生在家畜食用含镁较少的牧草时，通过补饲镁盐，土壤施用石灰可以有效防治。除此之外，食用含水量高的牧草可能导致家畜拉稀；食用草酸含量高的牧草可能导致草酸性缺钙；食用俄罗斯饲料草等可能增加家畜肝脏负担。

问 123　家畜为何发生臌胀病？有哪些防治措施？

答　臌胀病的发生多因家畜采食豆科鲜草，或者饲喂带雨、露、霜、雪的牧草而引起。一般新鲜的豆科牧草中含有皂苷，家畜采食豆科牧草后在瘤胃中发酵产生大量气体，皂苷易形成泡沫阻止气体排放，导致家畜产气增加、腹围增大、呼吸困难、头颈伸直、张口呼吸。发生臌胀病后可采取的措施：①在家畜咽喉处灌填烟末或辣椒，促进嗳气呕出。②将家畜牵至斜坡上，捆绑，在其嘴中放置木棍，同时用手抚按其左腹鼓胀处，促进嗳气排放。③准备煤油 50～200 毫升，加入 100～400 毫升温水，进行灌服。④病情严重时则用锥子在其左腹倒数二三肋之间最鼓处刺入，促使嗳气排放。锥刺前，剪掉家畜毛发并用生理盐水或碘酒消毒。

问 124　如何降低紫花苜蓿中的妻害作用？

答　苜蓿中含有皂苷和红叶质两种有毒成分，皂苷在苜蓿的根茎叶中都有，反刍家畜采食过多，则发生臌胀病。如何降低其毒害作用，可尝试如下方法：①轮换放牧。种植苜蓿草地同时准备禾本科牧草草地，或者直接与禾本科牧草进行混播，或者青饲苜蓿时也可以与其他草料相搭配。②调制干草。苜蓿中的皂苷溶于水，而后随着水分的散失而挥发。③调制青贮。青贮过程中形成的乳酸、乙酸、丁酸等有机酸能把皂苷分解成寡糖和甾体化合物，从而降低毒性。

问 125　如何降低沙打旺的妻害作用？

答　沙打旺中含有多种脂肪族硝基化合物，进入家畜消化道内进一步代谢成有毒物质，影响家畜的中枢神经系统，同时造成血红蛋白运氧功能受阻，引起中毒。①调制干草。沙打旺青饲时其内化学成分造成口感较苦，适口性降低，但调制成干草或草粉后明显改善。②青贮。青贮过程中脂肪族硝基化合物代谢为 3 - 硝基丙醇和 3 - 硝基丙酸，可与乳酸、醋酸等发生化学反应而失去毒性。③控制饲喂量。沙打旺与其他牧草、饲料混合饲喂，降低沙打旺的苦味，提高其适口性。

问 126　牧草返青后的管理要点？

答　①及时除杂。温度回升后杂草较多，牧草返青竞争力较弱，应及时清除杂草。同时应中耕松土，提高土壤墒情和温度促进牧草返青。一般可划锄 2~3 遍，雨后及每次收割后，都要及时中耕除杂。②适时追肥灌溉。肥力充足有助于牧草安全越冬，也能促进来年返青后的

牧草返青管理三要点

分蘖。水肥不足其品质差抗寒性较差，来年返青前一定要施肥，最好每亩施腐熟有机肥 100 千克左右。每一茬牧草刈割后及时浇水、追肥和中耕松土。③做好病虫害防治。春末夏初降水开始增加，应特别注意牧草的病虫害防治。多花黑麦草等通常易被病虫危害，可及时喷洒药剂进行防治。苜蓿以菌核病最为常见，可在地面上施用石灰粉或在植株上喷洒多菌灵进行防治。其他病虫害如蚜虫、盲蝽象、潜叶蝇等，可用乐果、敌百虫等防治，霜霉病、锈病、褐斑病及白粉病等可用波尔多液、石灰硫磺合剂、多菌灵、托布津等防治。喷药后的牧草在药效期内严禁放牧。

问 127　牧草中常见的有毒有害物质有哪些？对家畜有何影响？

答　①硝酸盐和亚硝酸盐。硝酸盐会腐蚀家畜的消化道黏膜，容易引起急性肠胃炎。但是，当硝酸盐转化成亚硝酸盐后，亚硝酸盐会引起家畜严重缺氧中毒而亡。一方面，饲草中硝酸盐或亚硝酸盐含量多易导致中毒；另一方面，家畜瘤胃 pH 值和微生物发生变化时，会引起中毒。容易积累该毒素的有：燕麦、玉米、高丹草、苏丹草等。干旱和氮肥使用过量，都会积累硝酸盐。②生物碱。生物碱主要导致牛患高羊茅中毒症和羊患蹒跚病。③皂苷和氢苷。皂苷会溶解红细胞，长期食用抑制家禽生长，因皂化作用引起家畜发生臌胀病。氢苷在支解酶的作用下水解出氢氰酸，造成组织缺血而发生慢性中毒。④光敏物质。光敏物质在皮肤积累到一定浓度后，光照射就会引起皮疹。⑤草酸及草酸盐。它们是饲料中的抗营养因子，与矿物质形成难溶物，降低矿物质利用率而引起中毒。

十三、　常见的牧草草种（品种）栽培管理方式

问 128　如何科学合理地种植和利用燕麦牧草？

答　①播前要整地和施肥。燕麦播前最好整地，并随之施入厩肥 1 500～2 500 千克/亩。②播种期。燕麦应春播，条播行距

15 厘米，播种量每亩 10~15 千克。播后镇压 1~2 次。燕麦与一年生豆科牧草混播，生长旺盛，能提高青刈产量和品质。③田间管理。田间管理的关键是追肥和灌水，主要在分蘗和拔节期进行。追肥以氮肥为主，并搭配少量磷、钾肥。多用于轮作、复种或混播。④收获时期。若留作燕麦种子，主枝或主穗的籽粒达到完熟时收获，分蘗或枝端的籽粒蜡熟为宜；用作青贮，抽穗期至蜡熟期收获；用带有成熟籽粒的燕麦全株青贮，可在成熟初期收获；用以调制干草或青刈，以抽穗期始至开花后期为宜。⑤留茬高度。燕麦春播可刈割 2 茬，第 1 次在株高 40~50 厘米时刈割，留茬 4~5 厘米，隔一个月后刈割第 2 次，可不留茬。

问 129　栽培紫花苜蓿的技术要点有哪些？

答　①播种时间。西南地区 9 月中下旬，降雨充沛、土壤墒情好、虫害、杂草危害情况少发时播种，次年 3~4 月返青。②播种量。亩播 1 千克左右，起垄开沟很重要。③播种方式。行距 25~30 厘米。畦开 2~3 厘米深的浅沟，覆

盛世紫花苜蓿

土，播种后 1 周左右出苗。播种机可提高播种效率，与禾本科草混播，播种量不超过 0.5 千克/亩，禾本科牧草播种量控制在 0.75~1 千克/亩。④播后管理。紫花苜蓿苗期需要清除杂草。干旱时适时浇水，忌水淹。苜蓿的主要害虫有蚜虫、蓟马、浮尘子、盲蝽象等，发现害虫应及时用 40% 的乐果乳剂稀释 2 000 倍喷洒，或用敌敌畏等喷雾防治。

问 130　如何栽培管理多花黑麦草？

答　①播种前施足底肥、精细整地很重要，底肥每亩保证施有机肥 1.5～2 吨为最佳，精细整地需要耕、耙、耱，开沟起垄，整地的同时混入有机肥。②可在春季 3 月上旬，秋季 9 月中下旬进行，机械条播，每亩用种量 1.5 千克左右。③苗期及时清除杂草，可在分蘖期进行浅中耕，刈割后进行深中耕。④干旱时应及时灌溉，每次刈割后及时追肥。

问 131　"川草 2 号"老芒麦栽培技术有哪些？

答　①播前需整地，整地时每亩可均匀混合施入 1～2 吨腐熟的有机肥。②在川西北高原地区，适宜 5～6 月春播；一般海拔较低的地区可在 9～10 月进行秋播。若用机械播种，播种前老芒麦需进行脱芒处理，否则影响均匀播种。③可单播或与豆科牧草进行混播。条播行距 30 厘米，不超过 40 厘米为佳。条播播量 1.5～2.0 千克/亩，撒播播量每亩可增加 0.5 千克。与豆科牧草混播时，混播比例为 7∶3，播后进行覆土 1～2 厘米。④注意苗期杂草防除，孕穗期—开花期应及时追肥，注意病虫害的防治。

问 132　白三叶的栽培管理技术要点有哪些？

答　①白三叶种子较小，播种前应精整地。除耕、耙、耱之外需施入有机肥和磷肥且接种根瘤菌。②播种期以早秋为最佳，霜冻早发地区不迟于 9 月下旬，春播应在 3 月上中旬，气温稳定在 15℃以上即可播种。③播种前必须浸种，每千克种子加水 1.5 千克，另加钼酸铵 1 克浸种 12 小时，每亩播种量为 0.25～0.5 千克。行距保持在 30 厘米，播深 1～1.5 厘米，与丛生型禾本科牧草混播较佳，比列可控制到禾豆比为 2∶1。

④白三叶虽侵占性较强，但应保证其苗期中耕除草作业。形成竞争力后，也需要拔除高大杂草。初花期刈割为佳。

问133　生产老芒麦草种子有哪些要求？

答　①环境要求。适宜生长温度为 15～25℃，年均温达10℃以上，积温达到 700℃；年降雨量达到 350 毫米，种子成熟时期最好多晴朗、干燥和无风天气；最好为壤土，厚度至少30 厘米。②播种技术要求。整地：清除土层 30 厘米以内的石块、石砾等杂物，喷施灭生性除草剂清除杂草，然后进行基肥撒施。播种：6 月上旬到 7 月中旬，条播，行距 30～45 厘米。覆土不超过 2 厘米。播种量为每亩 1.5 千克左右。③田间管理技术要求。注意防治同期成熟的杂草，注意防治黏虫、蛴螬、根蛆虫、小地老虎等。开始返青后至拔节期使用高效氯氟氰菊酯 1～2 次，播种前进行鼠虫害防治。施肥、灌溉：要求每亩3～6.7 千克无机肥做基肥，追肥则根据实际土壤情况施用。④种子收获时期。含水量降至 39%～46%、生殖枝顶端茎秆变黄即可收获，种子有 60%～70% 成熟时即可全部收种。

老芒麦草种子

问 134　科学栽培阿伯德多花黑麦草的技术要点有哪些？

答　①整地。翻耕前用灭生型除草剂灭除地块上的所有绿色植物，一周后，翻耕土地深度 18 ~ 20 厘米。土地翻耕后，施杀虫剂以消除土壤中的害虫，并施 1 000 ~ 1 500 千克/亩厩肥作基肥，均匀撒在表面，再用重耙平整、轻耙耙细土块。干旱地区播前应镇压土地，有灌溉条件的地区可在播前浇水，以保证播种时的墒情。②播种。播期为 9 ~ 10 月，方式为条播，行距控制在 25 ~ 30 厘米。覆土厚度 1.5 ~ 2 厘米。播种量为每亩 1.5 千克左右。③田间管理技术。施肥应该在灭除杂草后进行，在分蘖、拔节期主要追施尿素，追施量为 1 025 千克/亩。在开花灌浆期以施磷肥、钾肥为主，少施氮肥，同时施以适量的含钙、钼和锰等微量元素的肥料，有利于种子生产。阿伯德多花黑麦草病虫害较少，注意早期合理地施肥和灌溉时间，以及选用无病虫害的种子进行播种。

高产优质阿伯德多花黑麦草

问 135　鸭茅的栽培管理技术要点有哪些？

答　①整地。鸭茅种子较小，千粒重为 0.97 ~ 1.34 克，苗期生长较慢，宜精细整地，彻底除草。②播种。春、秋两季均可播种，春播以 3 月下旬为宜；秋播不迟于 9 月下旬，以防霜害，有利越冬。③播种量。在单播时每亩播量为 0.75～1.0千克。与红三叶、白三叶、多年生黑麦草等混播时，在灌溉区亩播用量 0.55～0.7 千克，旱作用量 0.75～0.8 千克。④播种方式。单播以条播为好，混播时撒播、条播均可。播种宜浅，稍加覆土即可，也可用堆肥覆盖。苗期应加强管理，适当地进行中耕除草，施肥灌溉。⑤田间管理。鸭茅需肥较多，每次刈割后都宜适当追肥，氮肥尤为重要。亩施氮肥 37.5 千克时，其产草量最高，干物质每亩达 1 200 千克，但若超过 37.5 千克时，则植株数量减少，产量下降。混播草地，要施复合的磷钾肥料，以保证草地稳定产量。

问 136　高丹草的栽培管理技术要点有哪些？

答　①地表温度达 12～14℃ 时即可开始播种，条播，行距40～50 厘米，播深 1.5～5 厘米。建议播种量每亩 3 千克左右。一般覆土深度 4～5 厘米，土壤墒情差时可达 6 厘米。②苗期易受杂草危害，要注意中耕除草。每次刈割后，都应灌溉和追施速效氮肥。青饲或青贮以孕穗至乳熟期为宜，调制干草以抽穗期为宜。刈割留茬 6～10 厘米，以利再生，收种子宜在主茎的种子成熟时进行。③杂交高丹草的根系发达，因此播前应将土壤深耕，施足有机肥，种肥应包括氮磷和钾肥，氮肥用量是50～80 千克/亩，以加快建植并满足早期生长的需要，首次刈割后结合灌溉施氮肥 40 千克/亩，以后依据实际情况施用氮肥1～2 次，特别是在分蘖期、拔节期以及每次刈割后，应及时灌溉和追施速效氮肥。④苗期应注意中耕除草，当出现分蘖后，就不怕杂草危害。

高产、优质的高丹草

问 137　阿坝垂穗披碱草的栽培技术要点有哪些?

答　①播种。5～6月中旬春播,9月中旬至10月底秋播。建植单一人工贮草地时,条播或撒播,条播行距30～40厘米;播量2～2.5千克/亩,撒播播量2.5～3千克/亩。建植禾豆混播人工草地时,以禾本科70%～75%、豆科25%～30%的比例用种。免耕补播改良退化草地时,常撒播,播量1～1.5千克/亩;播深1～2厘米。②田间管理。除杂草:单一人工草地幼苗或返青苗中的少量毒杂草可人工拔除;大量杂草宜于三叶期后喷洒阔叶除草剂除杂;混播人工草地的杂草最好人工拔除。追肥:分蘖期视牧草长势追施尿素5～10千克/亩,刈割后追施复合肥5～10千克/亩。除虫害:高温高湿天气若发现黏虫危害,立即防治虫害蔓延。③收割利用。盛花期至灌浆期刈割,留茬5～6厘米;可直接晾干打成草捆,也可调制成青贮饲草料。

问 138 阿坝燕麦的栽培技术要点有哪些？

答 ①整地。播前需要翻耕整地，施足底肥。早秋应用耕、耙、耱、镇压等办法蓄水保墒极为重要。秋翻前宜施用腐熟、半腐熟的有机肥料作基肥，播种时可用种肥。②播种时间。中国华北、西北、东北地区为春播；长江以南地区冬播。③拌种处理。下种前要选择优质品种，用 800 倍的新高脂膜溶液浸泡种子，打捞后再药剂处理即可精量播种。④播种处理。春播燕麦为避免干热风危害，土温稳定在 5℃ 时即可播种。旱地燕麦要注意调节播种期，使需水盛期与当地雨季相吻合。⑤播后管理。分蘖初期或中期追肥、浇水，后期要控制徒长。积水易致倒伏。保持墒情和肥力，喷施新高脂膜保温保墒增肥效，增加有效分蘖率。在抽穗期要喷施一次壮穗灵，提高授粉能力和灌浆质量。注意防治坚黑穗病、散黑穗病、叶斑病等，以及黏虫、地老虎、麦二叉蚜和金针虫等，可通过深翻地、灭草和喷施药剂等进行防治。

问 139 红豆草的栽培管理技术要点有哪些？

答 ①整地。红豆草播种前应进行精细整地，翻耕前用灭生型除草剂灭除地块上的所有绿色植物，两周后，翻耕土地深度 18～20 厘米。土地翻耕后，施杀虫剂以消除土壤中的害虫，并施 1 000～1 500 千克/亩厩肥作基肥，或者将无机肥（以钾肥和磷肥为主）均匀撒在表面，再用重耙平整，轻耙耙细土块。②播种。红豆草既可春播又可以秋播，一年一熟地区适合春播，一年两熟地区适合秋播。干旱地区应注意在雨季播种，因为干旱对红豆草出苗影响很大。播种量为每亩 3～6 千克，播种方式为条播，行距控制在 30～40 厘米。在干旱地区播后及时镇压，可提前出苗。③田间管理技术。红豆草在苗期生长缓慢，易受杂草危害，应及时清除杂草，刈割后追施磷、钾肥。

> 特别注意：红豆草不宜连作，一次种植后需要间隔5~6年后才可继续种植。

问 140 苇状羊茅的栽培管理技术要点有哪些？

答 ①整地。苇状羊茅为深根高产牧草，所以播种前一年秋季应进行深翻耕，每亩地施足 2 000 千克有机肥。播种前应耙糖 1 ~ 2 次。②播种量。种子田每亩播种量一般为 0.75 ~ 1.0 千克，刈割草地为 1.25 ~ 1.5 千克。③播期。秋播在 9 月中旬（海拔 800 米以

苇状羊茅

上地区宜秋播）；也可春播，在 3 月中旬（海拔 800 米以下地区可春播）。④播种方式。可单播，以条播为主，行距 40 厘米，覆土深 1.5 ~ 2.0 厘米；也可混播，隔行条播较佳，行距 35 厘米。⑤施肥。三叶期亩施尿素 5 千克进行追肥，分蘖期亩施 3.5 千克，拔节期亩施 4 千克，每次刈割后亩施尿素 5 千克。⑥灌溉。在生长期间，特别在苗期有灌溉条件的地区应及时灌溉。⑦中耕除草。苇状羊茅苗期生长缓慢，与杂草竞争力弱，应注意中耕除草，生长后期则视情况而定。

问 141 扁穗牛鞭草的栽培技术要点有哪些？

答 ①扦插量。由于扁穗牛鞭草的结实率特别低，通常选用健壮的茎段进行繁殖。每亩扦插茎 350 ~ 500 千克。密度为

80～110株／平方米。②扦插期。盆地最适宜扦插时期为4～8月，温度较凉地区四季均可，一般雨后扦插成活率高。③扦插方法。孕穗期以后刈割的地上茎做种茎，种茎可分成30～40厘米的几段，每段具有4个节以上，其中两节以上埋入土中，1～2节露于地面，行距20～30厘米，株距3～4厘米。可以打窝扦插，也可以开沟条插。④施肥。种茎成活后，可追施适量清粪水，拔节初期亩施2.5千克尿素，株高40～50厘米时应刈割，以利分蘖，每次刈割后，亩施有机肥1 000～2 000千克，尿素3千克。⑤灌溉。扁穗牛鞭草不耐旱，生长期需水量多，在有灌溉条件的地区，根据土壤情况，合理灌溉。⑥中耕除草。苗期要注意田间杂草，前期中耕要浅。形成草丛后的中耕除草应视情况而定。

扁穗牛鞭草

问142　苏丹草的栽培技术要点有哪些？

答　①播种量。土壤水分好的话，亩播量2～2.5千克；干旱地区，亩播量1.5～2.2千克。②播种期。春播为宜，气温达到12～14℃，土温达到10℃以上便可开始播种。为了夏秋季节能连续生产饲草和青贮，可分期播种，每期隔20～25

天可播一次，最后一次播种应在霜前 60~90 天结束。③播种方式。主要为条播，行距 30 厘米，也可宽行条播，行距 45~60 厘米，深度 4~5 厘米，还可以混播。④施肥。亩施有机肥 1 500 千克、过磷酸钙 25 千克作为底肥；在分蘖期和拔节期，分别追施尿素 10 千克，每次刈割后亩施尿素 7.5 千克。⑤灌溉。在分蘖、拔节及刈割后应合理灌溉，尤其是在抽穗至开花期进行灌溉对增产效果更为明显。⑥中耕除草。苏丹草生长期易受杂草危害，所以要在苗高 10~15 厘米时进行中耕除草。形成一定草层高度时则视情况而定。

问 143　光叶紫花苕的栽培管理技术要点有哪些？

答　①土地整理。播前应亩施农家肥 1 000 千克作底肥，再进行翻耕整地。②种子处理技术。播种前，种子中应放入少量的比种子小的砂粒一起揉搓，擦破种皮外层的蜡质层以增加透水性，使其吸水萌发待种皮膨胀后撒播。③播种方式。条播行距 20~30 厘米，播深 4~5 厘米。④播种时间。春、秋播均可，一般 3 月中旬和 9 月下旬为宜。在雨季结束时最适宜，土壤水分能保证种子出苗。⑤播种量。旱地净种适宜播种量为 3.5~4.0 千克。⑥田间管理。每亩撒施磷肥 15~25 千克，出苗 30~40 天施尿素 2~5 千克/亩进行追苗。光叶紫花苕耐旱不耐湿，稻田种植应开好排水沟防涝。苕子在现蕾前若干旱，灌溉有显著的增产效果。在生育期间视病虫害发生情况及时防治，防止蔓延扩大。光叶紫花苕苗期纤弱，要防止杂草危害。在花期要拔除属于植物检疫对象的杂草。还应建立保护制度，严格封育，防止人畜践踏。光叶紫花苕应实行轮作制，轮作的间隔时间以 2~3 年为宜，轮作时可让地块冬闲，也可考虑种植其他非豆科作物。按照科学的种植方式，可实现光叶紫花苕高产。

光叶紫花苕盛花期

问 144　康巴垂穗披碱草的栽培管理技术要点有哪些？

答　①地面处理。地块确定后，首先视杂草情况，可选用高效低残留的除草剂或除灌剂进行地面处理。一周后再行翻耕，同时施用腐熟有机肥 1 000 ~ 2 000 千克/亩或复合肥 10 ~ 15 千克/亩作基肥。在干旱有灌溉条件的地方可在播前灌水，以保土壤墒情良好。②播种。康巴垂穗披碱草具有较长的芒，如用机播，播前需进行脱芒处理，以增强种子的流动性。康巴垂穗披碱草可春播、夏播和秋播，在川西北牧区主要进行春播，视具体情况可以在 4 ~ 6 月播种。撒播或条播均可，牧草生产以撒播为宜，播量 1.5 ~ 3 千克/亩。播后及时覆土镇压 1 ~ 2 厘米，使种子与土壤紧密结合，以利保墒出苗。③田间管理。康巴垂穗披碱草播种当年，尤其是苗期生长相对缓慢，最好禁牧一段时间，同时注意对杂草及鼠虫害等的防治。分蘖期至拔节期可视情况追施复合肥 10 ~ 15 千克/亩，可促进分蘖，增加草产量。

问 145　红三叶牧草的栽培管理技术要点有哪些?

红三叶

答　①播前精细整地。播种地要进行深翻细整,使耕层疏松,土块细碎,以利出苗,且在瘠薄土壤或未种过三叶草的土地上应施足底肥。②播种。干旱地区宜在雨季播种,播种量为0.8~1.0 千克/亩,播深或播后覆盖土壤不超过 1 厘米。播种后保持土壤湿度,3~5 天即可发芽。在同一块土地上最少要经过 4~6 年后才能再种。易积水地块要开沟,以利随时排水。耕地要于上一年前作收获后及时翻耕,灭茬除草,蓄水保墒,翌年播种。③田间管理。红三叶幼苗生长缓慢,易被杂草危害,苗期要及时松土锄草。出苗前如遇雪水造成土壤板结,要用钉齿耙或带齿圆形镇压器等及时破除板结层,以利出苗。红三叶在生长过程中,所需磷、钾、钙等元素较多,结合耙地每亩要追施过磷酸钙 20 千克、钾肥 15 千克或草木灰 30 千克。灌区要在每次刈割放牧利用后灌溉,全年需要灌溉 2~4 次。红三叶病虫害少,常见病害有菌核病,早春雨后易发生,主要侵染根茎及根系。施用石灰,喷洒多菌灵可以防治。

问 146　箭筈豌豆的栽培管理技术要点有哪些？

答　①种子处理。拌湿的种子放在谷壳内加温，并保持 10 ～ 15℃ 的温度，种子萌动后移到 0 ～ 2℃ 的室内 35 天后即可播种。②播种时间。北方为春播或夏播，南方则 9 月下旬进行播种，播种迟易遭受冻害。③播种量。用作饲草时，每亩播种量为 4 ～ 5 千克，收种子时播量每亩为 3 ～ 4 千克。行距 20 ～ 30 厘米，子叶不出土，播深 3 ～ 4 厘米。单播时易倒伏，通常和燕麦、苏丹草等混播，禾斗混播比例为 2 : 1 或者 3 : 1。箭筈豌豆种子中含有生物碱和氰甙，氰甙经水分解后释放出氢氰酸，食用过量能使人畜中毒。氢氰酸遇热挥发，遇水溶解，去毒容易。在饲用前经浸泡、淘洗、磨碎、炒熟、蒸煮等加工工艺处理后，其氢氰酸含量均大幅度下降，故不致出现中毒危险。但应避免长期大量连续使用。

箭筈豌豆

问 147　燕麦与箭筈豌豆混播高产栽培管理技术要点有哪些？

答　①播前整地。播种前要进行深耕，深度以 20 ～ 25 厘米为宜，结合耕地每亩施有机肥 1 500 ～ 2 000 千克作基肥，然后再耙地、耱地以及镇压。②种子处理。播种前应晒种 1～2 天促进发芽。③播种期。川西北地区或西藏地区播种时间应在 5 月中下旬。气温较高的地方播期可提前。没有灌溉条件的地方应在雨季播种。④混播播量。混播适宜的播种量为箭筈豌豆 6 千克、燕麦 9 千克。⑤播种方法。条播或撒播均可，若采用机械播种，则播前种子、化肥都应过筛。⑥播后管理。连续种植燕麦的熟地每亩施磷酸二铵 4～5 千克做种肥。播后轻耙、覆土，墒情差的地块进行镇压，播种深度 3～4 厘米。

问 148　菊苣的栽培管理技术要点有哪些？

答　①土地整理。播前应对土壤进行深耕、耙、耱及镇压并施足基肥。基肥首选有机肥，用量 2 500～3 000 千克/亩，有机肥不足时应补施复合肥。表土要耱细整平，清除杂草。②播种时间。春播或夏播均可，土温高于 12℃ 时可很快出苗。春播为 3～4 月，秋播为 9～11 月。秋播最晚应在出霜前 6 周。③播种方式和播种量。直接播种分为条播和撒播两种方式。菊苣可直接播种，也可育苗后移栽。播种量 0.2～0.3 千克/亩，播种深度 0.5～1.0 厘米。为保证播种均匀，可将种子与细沙土混合均匀后再播种，条播时行距 20～30 厘米，播后应镇压。④水肥管理。氮肥的最高用量为 15 千克/亩。每次刈割后及返青后追施氮肥 2.3～3.3 千克/亩。除施有机肥外，缺磷、钾矿物质的地块，每年应施有效磷（五氧化二磷）4～8 千克/亩、有效钾（氧化钾）4～5 千克/亩。直根开始膨大后，保证水分的供给，以促进其快速生长。⑤病虫害防治。菊苣苗期需及时中耕除草或采用单子叶植物除草剂喷施。适用于菊苣的苗后除草剂不多，播前尽量清除杂草有利于控制苗期杂草。低洼易涝地种菊苣烂根现象较常见，故播种前应需做好土壤排水。

优质高产的菊苣

问 149 苦荬菜的栽培管理技术要点有哪些？

答 ①整地播种。播种前应精细整地，以利于播种和出苗。②播种时期。可春播或秋播。春播以 2 月下旬至 3 月下旬为佳。③播种方式。播种方法可采用条播、穴播或撒播，还可进行育苗移栽。条播行距为 25～30 厘米，亩用种量为 0.5～0.8 千克。育苗移栽，每亩大田只需种子 0.2～0.5 千克，播深 2～3 厘米，播后及时镇压，使种子与土壤紧密结合，利于出苗。④播后管理。苗高 4～6 厘米时要及时中耕除草。每刈割一次后要追肥、灌水。苦荬菜的病虫害较少，主要虫害有蚜虫，可用蚜敌或其他杀虫药喷施。⑤收获。苦荬菜生长快，春播的在 5 月上中旬便可割第一次草，以后每隔 20～25 天刈割一次，每年可刈割 5～8 次。收获方法可以剥叶，也可以整株刈割。当株高 40～50 厘米时即可刈割，留茬高度 5～8 厘米，以利再生。苦荬菜花期长达 20 余天，种子成熟不一致，要随时采收。

苦荬菜

问 150　金花菜的栽培管理技术要点有哪些？

答　①选地与整地。金花菜适宜在沙壤土或中性壤土上种植；金花菜需要做好精细整地，耕深 20 厘米，耕后耙糖平土镇压，做好排灌措施。②播种。播种量：单播时，每亩用带荚种子 2.5~3 千克，种子田 4 千克。间、套作每亩用种量 2.5~3.0 千克。播种期：寒露至霜降之间播种最好。盆地地区可在 9 月下旬到 10 月上旬播种。在立冬前未长出 4 片真叶时，容易受冻。播种方式：可条播、穴播、撒播。种于低湿地或稻田时，须开沟来排除积水。条播时，每隔 20~30 厘米分开一个深 3 厘米的小沟，下种后，略盖细土和草木灰，种子稻田在水稻收获后也可直接开沟条播或穴播。种于棉田时，一般用带荚种子，播前 1~2 天用河泥加水拌浸，下种时，要防止种荚结团。混播时，可与油菜或蚕豆等进行混播。③田间管理。施肥：金花菜对磷肥敏感，播种前亩施过磷酸钙 15~20 千克，也可亩施有机肥 500 千克作为底肥。追肥可在冬季前亩施磷肥 15 千克，春后用 2.5~3 千克硫酸铵兑水施浇。灌溉：金花菜忌积水，不需灌溉，注意及早开沟排水。中耕除草：种在旱地时，苗期可浅中耕一次。收种：在 60% 种荚变黑时收种，带荚种子亩产量达 100 千克左右。

问 151　象草的栽培管理技术要点有哪些？

答　①选地和整地并施足底肥。象草对土壤的要求不严，可利用山坡、荒地进行种植。播前也应该进行深耕、耙、糖镇压等，同时每亩施入 1 500 ~ 2 000 千克有机肥、10 ~ 15 千克磷肥。②种植量。象草的落籽性比较强，不易收种且发芽率低，因此在生产上一般采用种茎繁殖，每亩 100 ~ 200 千克。③种植期。栽植期一般以春季为宜。④种植方式。种茎按 2 ~ 4 个节切成一段，开沟按株距 50 ~ 60 厘米，行距 70 ~ 80 厘米，沟深 10 厘米，每穴放 2 株种茎，与地面成 45°角斜放，顶端一节露出地面。栽植前将种茎浸水一天或一周，出苗较快。⑤施肥。亩施有机肥 1 500 ~ 2 000 千克，磷肥 10 ~ 15 千克作为底肥；栽种后，苗高 20 厘米时，就可追施氮肥或清粪水；每次刈割后，亩追施氮肥 5 千克。⑥灌溉。一般是在雨水来临或阴雨天进行栽种，如遇到晴天或干旱时栽种，要及时灌溉，在生长期也要适时灌溉。⑦中耕除草。出苗后要及时中耕除草 1 ~ 2 次，每次刈割后要及时松土，除草。

问 152　墨西哥玉米的栽培管理技术要点有哪些？

答　①选地与整地。墨西哥玉米虽然对土壤要求不严，但若在保肥保水的土壤上种植，效果更佳。播种前应精细整地，深耕、耙、糖及镇压等。同时最好每亩施入 1 500 ~ 2 000 千克有机肥。②播种量。条播 1.5 千克/亩，穴播每窝两粒，出苗后 30 ~ 40 天，株高 30 厘米时可育苗移栽。③播种期。3 月下旬到 4 月上旬播种为宜。④播种方式。一般采用穴播，株行距 30 厘米×50 厘米，育苗移栽的株行距相同。⑤施肥。每亩施

1 500 ~ 2 000 千克有机肥作为底肥，出苗后 30 天左右和每次刈割后应追施尿素 2.5 ~ 5 千克或者硫酸铵 5 ~ 7.5 千克。⑥灌溉。在生长发育期间需水量较高，在有灌溉条件的地区和土壤干旱地区要及时进行灌溉。⑦中耕除草。出苗后 30 天就可进行第一次中耕除草，以后则视土壤情况和杂草情况而定。⑧收种。墨西哥玉米种子成熟时间不一致，当须发变黑，种子表皮呈褐色时，可分批采收。

十四、 其他常见问题

问 153　怎样推广牧草种植技术？

答　一般来说，牧草技术推广主要有三个途径：服务式推广、行政式推广、教育式技术推广。服务式推广主要由政府通过外部投入、间接投入，为牧民提供免费服务，使牧民在利润的驱动下，主动学习、采用牧草种植技术（例如建立科技示范园区），由政府出资，进行有关牧草技术的推广示范；行政式推广主要是政府运用行政权力贯彻牧草政策，开展各项活动，例如落实《草原法》等法律法规等；教育式推广则是通过各种媒介方式，将技术与牧民生产生活联系起来，引导牧民学习并应用新技术、新知识、新机械、新产品等，例如通过电视台、现场会、微信、新媒体进行教育推广等。在实际实施过程中，三种途径相互交叉，相互配合，互相渗透，才能达到预期的效果。

问 154　什么是绿肥？常见的用作绿肥的植物有哪些？

答　绿肥泛指用作肥料的绿色植物，凡是栽培用作绿肥的作物都可称为绿肥作物。随着农业生产的不断发展，绿肥已经从原来的大田轮作和直接肥田利用，逐步过渡到多途径发展的种草业，绿肥与牧草生产相结合，将土地资源开发利用、养殖业的发展、土壤改良和培肥联系起来，实现了有机质的多级转化利用，促进了草牧业的良性循环，改善了生态条件和食物结构，实现了农业生产的优质、高产、高效。目前，常见的绿肥主要分为豆科绿肥和非豆科绿肥。豆科绿肥，作为具有根瘤菌生物固氮能力的植物在生产中所占的比重最大，包括紫云英、苕子、箭筈豌豆、草木樨、紫花苜蓿、白三叶等；非豆科绿肥主要是禾本科、十字花科及其他科植物，如多花黑麦草、饲用玉米、圆根萝卜等。

问 155　绿肥在农业生产中有什么作用？

答　绿肥在农业生产中已经广泛利用，主要作用有：①提高土壤肥力。通过翻压绿肥，可以增加土壤有机质，改善土壤有机质的品质，从而提高土壤肥力。同时，种植绿肥为土壤提供大量的新鲜有机质，加上根系极强的穿透、挤压和团聚能力，协调了土壤的水肥气热条件，从而达到改良低产土壤的效果。除此之外，豆科绿肥具有特殊的固氮能力，能将其他农作物不能吸收利用的气态氮转发为可利用的氮素，以提高土壤含氮量。②减少水土流失，改善生态环境。绿肥植物枝繁叶茂，能有效覆盖地面，减少水土肥的流失，目前在西北地区还利用绿肥来固沙护坡，绿化环境，净化空气。③绿肥饲料还能促进农牧结合。如草木樨、白三叶等既是绿肥也是很好的牧草饲料，不仅含有丰富的营养价值，而且适口性好，便于加工贮藏，这样的草畜结合，对发展草牧业和农业产业有着积极的促进作用。

问 156　绿肥主要的利用方式有哪些？

答　绿肥主要的利用方式有：①直接翻压。这是最直接的方法，一般用作基肥，间套种的绿肥也可就地掩埋作为作物的追肥。值得注意的是，绿肥翻压容易出现毒害现象，农牧民朋友在农作时，一定要控制绿肥的翻压量，并且提高翻耕质量，保证绿肥有充足的腐解时间。②沤制。将牧草绿肥掺和到秸秆、杂草、肥泥中，利用微生物发酵。③割青饲料。割青后可直接利用青草或青干草，也可以加工成青贮料或者干草粉等。需要注意的是，牧草的适宜收割期应当在开花期。

问 157　根瘤菌和豆科牧草有什么关系？

答　根瘤菌可以和豆科牧草共生形成根瘤并固定空气中的分子态氮，供给植物营养。在共生体中，豆科牧草为根瘤菌提供生长繁殖的空间和碳源、能源，以及其他营养物质；而根瘤菌能将气态氮还原成氨，从而达到固氮作用。世界上有豆科植物近2万种，它们大多数都能形成根瘤来固氮，常见的豆科牧草有紫花苜蓿、三叶草、紫云英、箭筈豌豆等。接种根瘤菌能使其在栽培中少用或者不用氮肥，就可以满足豆科牧草的需要，并且还能提高豆科牧草的产量。所以，对豆科牧草进行根瘤菌的接种非常有必要。

问 158　牧草中含有哪些营养成分?

答　①牧草中都含有大量的水分,制成青饲料以后,能量比较高。②牧草中多数都含有多种矿物质,能提高家畜的抗病能力。③蛋白质含量高。它们含有的粗蛋白较多,还含有多种氨基酸,特别是赖氨酸和色氨酸。④牧草维生素含量丰富。牧草含有维生素 A 和胡萝卜素、烟酸和胆碱等,能满足家畜对多种不同营养成分的需要。⑤微量元素丰富。牧草中含有钙、磷等微量元素,可满足家畜生长所需。

问 159　牧草对环境保护有什么作用?

答　牧草在环境保护中具有多方面的作用,可以防治风沙、固土保水、调节温度湿度、美化环境,还可以净化污染物、检测预报污染情况等。①净化环境。牧草可以通过光合作用保证大气中氧气和二氧化碳的相对平衡,还对各种污染物有吸收、积累和代谢作用,从而达到净化环境的作用。②监测环境污染。监测环境污染是环境保护工作中重要的一个环节,除了化学分析、仪器分析进行测定外,植物监测也是不可缺少的环节,其中牧草就可以监测多种有毒有害污染物。利用牧草对某一污染物高度敏感特性,一旦污染物积累,牧草就会呈现出明显的症状,这种监测方式简单可行,便于推广。例如,紫花苜蓿、大麦可以监测二氧化硫、氧气,玉米可以监测硫化氢,萝卜可以监测氯气、盐酸等。

问 160　育种一般有什么技术手段?

答　草种的育种技术主要有杂交育种、诱变育种、转基因育种等。其中,杂交育种是一种最传统的育种方法,在实际中使用也最为广泛。但需要通过杂交、后代选择,甚至后代再杂交，整个育种周期长，一般至少需要八九年以上，而且由于亲本材料本身特性限制，以及亲缘关系限制，往往在性状改良幅度上比较有限。转基因育种是一种相对较新的育种方法，打破了传统育种上种的界限，能够快速把亲缘关系较远的目标性状相关的基因，直接导入需要改良的植物上，这种亲缘关系不仅体现在植物界内的科属种间，甚至能够把细菌、病毒、动物等其他生命体内优良基因直接导入，从而高效快速改良目标性状。利用这些性状得到很大提高的新品种，可以减少栽培管理成本，提高草种质量，并减少由于大量农药化肥使用而引起的环境破坏。

问 161　栽培牧草一般有哪些操作流程？

答　①地面清理除杂。播种前要把地里的杂草和石块清理干净，面积大的要用除草剂除去杂草。②翻耕。耕深比浅耕优，以 20～30 厘米为宜。③施基肥。土地水肥条件较差时，播前每亩施 2 000～3 000 千克的农家肥或氮磷钾复合肥 40 千克。④精细整地。翻耕后的耙地、耱地以及平土和碎土。⑤修建排灌设施。在低洼地种草一定要做好开沟排水，以免积水。⑥确定好播种时间进行播种。⑦播种方式。根据牧草的利用方式、产量要求等选择播种方式。⑧镇压、覆土。种子播种后不易与土壤过度紧密接触，因此播种后应适当镇压或覆土。大粒种子覆土 2～3 厘米，小粒种子 1 厘米左右。⑨灌溉。播种后和干旱季节，一定要将土地浇湿浇透。⑩苗期除草、及时刈割和追肥促进返青。苗期牧草生长比较脆弱，必须及时清除田间杂草。适时收割牧草并有合适的留茬高度，追肥，促进牧草来年正常返青。

播前土壤翻耕作业

问 162　　环境污染对牧草有哪些影响?

答　环境污染主要干涉牧草的光合作用、水分代谢、营养代谢等生化过程，进而对牧草产生影响，降低牧草的抗性，减少种子的结实率，影响牧草质量。具体表现有：①污染中的土壤的有毒有害物质直接影响植物生长或杀死植物。土壤受污染后，根系首先被危害，尤其是受重金属污染后，根系变短粗，吸收能力变弱，根系生长受抑制或死亡，地上部萌芽迟，生长缓慢，叶片黄化，开花不齐，从而种子产量受影响，污染严重时牧草衰退或死亡。②在大气污染物长期作用下，植物群落的组成会发生变化，一些敏感种类会减少或消失。牧草出现生长减慢、发育受阻、失绿黄化、早衰等症状，同时叶组织坏死，叶面出现点、片伤斑，甚至器官脱落。

问 163　　我国牧草种子的经营现状?

答　①草种价格随市场的波动较大，归因于没有稳定的价格制定系统。同时期不同等级的草种的价格差距不大，好种子没有价格上的优势。差种子以次充好在市场上流通，严重地打击了企业生产或引进优质草种的积极性。②农牧民选择的牧草大多数为多年生草种，加之农牧民对牧草种子的生产技术不熟悉，种植的当年及第二年产量较低，没有经济效益，因此打击了农牧民对牧草生产的积极性。③草种的市场流通差，农民有草种但卖不出，没有经济效益。④农牧民自己辛苦生产的草种因保存不当导致发霉或虫鼠糟蹋。甚者，某些经营商以低廉的价格将这些劣质草种收购，提价后又销售给农牧民。

问 164　川西北地区如何实施免耕种草技术？

答　①基地选择。宜选择距离牧民定居点较近，向阳背风、地势高平、土层较深厚的冬春草场。②基地处理。在地面植物返青期，用 2，4－D 丁酯灭除双子叶毒杂草；若喷后 6 小时之内降雨，应重新施药。灌丛则用 97－2 除灌剂灭灌。③平整地面。可人工或机械平整土丘；捡除较大的石块或其他杂物。④疏松表土。大面积免耕种草可采用旋耕机或重耙，至少能形成 5 厘米的疏松表土层。小面积免耕种草，雨后用钉耙人工耙松表层土即可。⑤免耕播种。一年生草种组合：燕麦 10 千克/亩＋箭筈豌豆 3 千克/亩＋多花黑麦草 0.5 千克/亩或燕麦 7.5 千克/亩＋光叶紫花苕 3 千克/亩＋多花黑麦草 1 千克/亩。多年生草种组合：川草 2 号老芒麦 2 千克/亩＋藨草 0.2 千克/亩，或川草 2 号老芒麦 2 千克/亩＋疏花早熟禾 0.4 千克/亩。

问 165　川西北地区（青藏高原地区）草种的适宜播期是什么时候？

答　因川西北地区（青藏高原地区）受气温和降水的影响，故一年生牧草和多年生牧草的播种时间与其理论播种时间有差别。一年生牧草在川西北地区应春播，最适播期为 4 月中旬，若遇特殊情况最迟不得晚于 5 月下旬。对于多年生牧草来说，可春播也可秋播，春播的适宜播期为 4 月中下旬，最迟不得晚于 6 月下旬，否则播种当年越冬差；秋播以 10 月中旬未冻土前最佳。

问 166　川西北高原常用到哪几种播种技术?

答　①牲畜卧地。先用钉耙人工松土，后撒播草种，再用钉耙人工盖种，即"钉耙松土＋撒播＋钉耙盖种"。②牲畜卧圈。种植一年生牧草较为适宜，采用先撒播草种，再用钉耙盖种，播后可关养牲畜 5 ~ 7 天，以利于将草种踏入土内。③亚高山退化草地和鼠荒地。大面积免耕种植多年生牧草，以旋耕松土后撒播草种再用钉耙人工盖种，即"旋耕松土＋撒播＋钉耙盖种"的效果最好；在有重耙的地方，也可采用"重耙松土＋撒播＋钉耙盖种＋牛羊践踏"的播种方式。由于多年生牧草种子细小，盖种太深影响出苗，播种后千万不能再用重耙或旋耕机覆土。牧户小面积种草，以"钉耙松土＋撒播＋粪肥盖种＋牛羊践踏"的方式免耕种草。④撂荒地。大面积免耕种草，先采用重耙松土，再撒播草种，最后用重耙拖耙盖种，即"重耙＋松土＋撒播＋重耙盖种"。

问 167　提高牧草种子发芽率、幼苗成活率、牧草产量的 5 个关键是什么?

答　①选种。选择适合当地条件的牧草草种，该草种的发芽率、纯净度达国家二级标准及以上。经过机械清选、精选，播种前拌种，效果更佳。②播前整地和施基肥。播种前精细整地并做好起垄排灌。施足基肥对提高牧草发芽率和幼苗成活率有至关重要的作用。一般腐熟有机肥每亩施 500 ~ 750 千克和氮磷钾复合肥 15 ~ 20 千克。③适时播种。草种都有与当地气候相关的适宜播期，播种应适时、迅速，以提高其发芽势和发芽率。过早过晚都不利出苗。④播前灌溉。播种前灌溉以湿润土壤。⑤苗期管理。出苗后进行适当的灌溉和施肥提高发芽率和幼苗成活率，对牧草产量有重要的影响。出苗后要亩施400～500千克腐熟有机肥和4～5千克尿素，并喷施新高脂膜800倍液防止病菌侵染，提高其生存力。之后，每次割青后要用3～5千克尿素追肥并浇水。

问 168   草地退化和草场退化的原因有哪些？

答   由于天然草地在干旱、风沙、水蚀、盐碱、内涝、地下水位变化等不利自然因素的影响下，过度放牧与割草等不合理利用以及滥挖、滥割、樵采破坏等自然或人为原因，导致草原的草群组成和土壤性质变劣、产草量下降、草地生态环境恶化、草地牧草生物产量降低

退化草地

与品质下降，从而导致草地利用性能降低，甚至失去利用价值，主要表现为优良牧草种类减少，各类牧草质量变劣，单位面积产草量下降等。草场退化是土地退化的一种类型，是土地荒漠化的主要表现形式之一。草场退化是由于人为活动和不利自然因素导致，包括土壤物质损失和理化性质变劣，优良牧草减少和经济生产力下降。中国的草场退化主要是人为活动造成的，包括过度放牧、滥垦和滥采等。

第二部分　草坪建植管理技术

一、　园林绿化草坪概述

问 1　园林草坪常用到的草种有哪些?

答　园林草坪草可分为冷季型草坪草和暖季型草坪草两大类。冷季型草坪草适宜黄河以北的地区生长，其优点是生长速度快，草坪形成快（可以通过播种建成大面积草坪），春季返青早，部分地区可以四季常青；缺点是夏季高温高湿地区易发生病害。其横走的地下茎和匍匐茎不如暖季型草坪，草的高度达 30～40 厘米，因而需要时常修剪。代表性品种有：多年生黑麦草、草地早熟禾、高羊茅、匍匐翦股颖等。暖季型草坪草主要分布于我国长江以南的广大地区。暖季型草坪草的主要优点是长势旺、竞争力强，一旦群落形成，其他草很难侵入。暖季型草坪草中抗寒性强的代表性品种有：狗牙根、结缕草等；抗寒性弱的代表性品种有：细叶结缕草、钝叶草、假俭草等。

典型冷季型草坪草（多年生黑麦草）

在南方越夏的冷季型草坪草

问2　常见草坪草怎样识别？

答　草坪草的识别主要借助植物分类学的方法，依据草坪草根、茎、叶、花、果实和种子的外部形态，利用植物检索表，（定距检索表、二歧检索表）对其进行鉴定、识别。在生产实践中，我们首先要确定科名。一般来说，主要是禾本科、莎草科、灯芯草科，其中禾本科占了95%以上。禾本科又主要是由早熟禾亚科、画眉草亚科、藜亚科这三个亚科的植物组成。

问3　优良草坪草的选择标准是什么？

答　品质优良的草坪草必须具备以下几个特点：①外观形态好。茎叶密集，色泽翠绿，绿期长。②草姿态美。草姿整齐美观，枝叶细密，草坪似地毯。③生命力强。生命力旺盛，繁殖力强，成坪快。④适应性强。抗践踏性好，抗寒性、抗旱性、再生力和侵占能力强，耐修剪、耐磨能力强。

问4　草坪质量如何评定？

答　草坪质量的评定因利用目的、季节、评定所使用的方法及评定重点不同而异。一般来说，可从外观质量、生态质量和使用质量等方面加以评定。外观质量主要指草坪颜色、均一度、质地、高度、盖度等。常用的方法有目测法、实测法及点测法。生态质量主要指草坪组成成分、分枝类型、抗逆性、绿期及生物量等。常用的方法有分级评估、观测打分、刈割法测定。草坪使用质量主要指草坪的弹性、滚动摩擦性能、硬度、滑动摩擦性能、强度、恢复力等，一般都通过实验测定。

草坪草质量评定内容及方法表

等级	V	IV	III	II	I
密度（枝条数/cm²）	≤1	1~2.5	2.5~4	4~5.5	≥5.5
质地（mm）	≥6	4.5~6	3~4.5	4.5~3	≤1.5
色泽	枯黄	浅绿（灰绿）	中绿	深绿	黑绿
均一性	杂乱	不均一	基本均一	整齐	很整齐
绿期（d）	≤210	210~230	230~250	250~270	≥270
盖度	75%~85%	85%~90%	90%~95%	95%~97.5%	97.5%~100%

问5 边坡绿化一般用什么草？

答 一般来说，边坡绿化适合种狗牙根、高羊茅、早熟禾、黑麦草等，混播效果较好。这些草种发达的根茎是水土保持有力的保障，除了可以保持水土之外，还具有一定的观赏价值，在后期养护方面也比较简单。我们在种植前，首先要因地制宜选择保护土壤的草种，其次注意草种的生理特性应匹配当地的气候环境，再次考虑到护坡的观赏性效果和经济价值。

边坡绿化草坪

问6 橄榄球比赛用的草坪有什么要求？适宜用哪些草种？

答 由于激烈的橄榄球比赛会对草坪造成很大的损伤，所以橄榄球场的草坪应具有很强的耐践踏性，且生长旺盛，以便从运动造成的损伤中迅速恢复。在我国南方地区，狗牙根、结缕草是建植橄榄球场草坪最好的草种。在我国北部地区，以草地早熟禾为主来建植橄榄球场草坪是较为适宜的。另外，如果以建植草坪用的多年生黑麦草与草地早熟禾混播，能起到非常不错的效果。在南方与北方之间的过渡地区，则可以选用高羊茅为主要品种来建植橄榄球场草坪。

问7 庭院草坪的草种选择有哪些需要考虑的因素？

答 ①庭院草坪人的活动频繁，草坪易被践踏、破坏和退化，在选择草种时一定要选择耐践踏、抗逆性强、生长低矮的草种，如翦股颖类、早熟禾类、匍匐紫羊茅、细羊茅等类型的草种。②由于庭院草坪多用于观赏，应尽量选用绿期较长、叶色鲜艳、叶面上具有美丽条纹或斑点的草种，如白三叶、红三叶、多变小冠花、五色草等类型的草种。③若庭院种植了高大灌木，则要选较耐阴的草种，如野牛草、草地早熟禾、苔草、结缕草等。

问8 家庭庭院草坪草如何种植管理?

答 现在城市里的私家花园越来越多,对草坪的质量要求也越来越高,除了草皮铺设以外,更多的是通过播种进行种植。为了能让草坪生长得更为茁壮,我们种植草坪的时候可以去向专业的技术人员咨询,他们可以给我们提供良好的种植方案。我们在撒播草种之前要先对土壤进行平整,挑拣出大石块,清除完杂草,这样种植出来的草坪才会整齐、均匀、美观。撒播草籽后,用土覆盖,使草种跟土壤紧密结合,然后用无纺布进行覆盖,保持好湿度和温度,草坪出芽比较快。草坪出芽后,撤去无纺布,对草坪进行浇水和施肥,浇水的时候做好排水,否则积水过多会淹坏草坪,一天浇水一次即可。在夏季,因为中午气温高,水分蒸发快,所以浇水一般选择早上或者傍晚。施肥的时候,用有机肥、复合肥均可,如果用复合肥的话,测试下土壤是否缺乏营养元素,再和单元肥搭配使用,效果会更佳。在草坪生长旺盛的时候,要对草坪进行适当的修剪,经过修剪的草坪不但看着美观整齐,而且在来年也能生长得更为茁壮,均匀修剪是草坪养护中最重要的环节。草坪若不及时修剪,其茎上部生长过快,有时结籽,妨碍并影响了下部耐践踏草的生长,使其成为荒地。草坪修剪期一般在3~11月份,有时遇暖冬年也要修剪。草坪修剪高度一般遵循1/3原则,第一次修剪在草坪高10~12厘米时进行,留茬高度为6~8厘米。修剪次数取决于草坪草的生长速度。

庭院草坪

问 9 草坪草对生态环境有什么要求？

答 草坪与周围环境有着密切的关系。它既受到周围环境条件的制约，也在一定程度上影响周围的环境。影响草坪草的主要环境因子包括光照、温度、水分、土壤四个方面，这些因素决定了草坪草的适应性和生长状况。在草坪的建植和养护过程中遇到的是千变万化的环境条件，这就要求草坪草养护者了解草坪草的生态特性及其与环境条件之间复杂的相互关系，采取正确的养护管理措施，使草坪草与环境之间能够更好地相配合。

问 10   光照对草坪草有什么影响？

答 草坪草依靠从太阳获得的能量来维持生长发育。绝大部分草坪草为喜光植物，如果光照不足，草坪草的生长和发育将受到影响。当光照强度降低时，草坪草植株表现为叶片变薄，叶片宽度变小，叶片变长，分蘖减少，茎节间伸长，茎变得细弱；出叶速度减慢，垂直生长。同时，光照不足的草坪草抗病性减弱，容易感染病害，造成斑秃。另外，虽然绝大部分草坪草都是喜光的，但对光照的不足具有一定的适应能力，称为耐阴性。在考虑林下草坪的布置时，耐阴性是一个十分重要的因素。草坪草的耐阴性依草种而异，在品种间也存在着差异。在冷季型草坪草中，紫羊茅、细弱翦股颖等耐阴性较强，黑麦草较弱；而暖季型草坪草中，钝叶草耐阴性最强，结缕草耐阴性也较强，地毯草耐阴性也较好，狗牙根最弱。

问11　草坪草对温度有什么要求？

答　草坪草生长发育需要一定的热量，而温度是热量的直观表示，所以温度是影响草坪草生长发育的关键因素。草坪草只能在一定的温度范围内才能正常生长，极端温度的出现，会对草坪草产生极大的影响。温度过低，草坪草生命活动停止，生长受到抑制或处于休眠状态；温度过高，光合作用受到抑制，呼吸作用旺盛，植株变弱；在适宜的温度范围内，草坪草生长旺盛。所以，植物的生长发育对温度的要求有最低温度、最适温度和最高温度之分。不同草坪草的最低温度、最适温度和最高温度是不同的。一般暖季型草坪草生长的最低温度、最适温度和最高温度略高，耐热性好而抗寒性差，最适的生长温度为25～35℃；冷季型草坪草生长的最低温度、最适温度和最高温度略低，耐热性差而抗寒性好，适宜的生长温度为15～25℃，最低生长温度甚至达到4℃以下。

高温胁迫下的草坪

问 12　　不同草坪草品种对不良环境温度的承受有什么规律？

答　当环境温度超过草坪草正常生长发育的最低或最高温时，草坪草将受到低温或高温胁迫，但还能继续维持生命而不死亡。草坪草对不良环境温度有一定的耐性和适应性。当温度继续降低或增高时，对草坪草的危害逐渐加重。在致死温度界限，草坪草遭受到永久性的损伤，导致死亡。这两个极限温度值随持续时间的长短而有所变化。如果持续时间短暂，草坪草可耐非常高和非常低的温度；但同样的温度条件，时间一长，草坪草可能会死亡。草坪草的地下茎或分蘖节的温度界限是草坪草生存的临界值。高温对草坪草的伤害主要是造成植株过度蒸腾失水，引起细胞脱水，形成一系列的代谢失调。耐高温的草坪草一般起源于干旱和炎热环境，其蛋白质对热相当稳定，在高温下仍能保持一定的正常代谢。暖季型草坪草在 10℃ 时就表现出冷害，随着温度的降低，地上部逐渐枯死而以地下部根茎越冬。如狗牙根有很多生态型，某些耐寒的狗牙根地下茎在 -20℃ 低温下仍能安全越冬。冷季型草坪草虽然在 0℃ 以下的低温仍可以生长，但当气温达到冰点以下时，会受到不同程度的伤害。降温的幅度越大，持续的时间越长，解冻越突然，对草坪草的危害越大。受冻害的组织或细胞由于结冰而受到伤害，导致叶片萎蔫、卷曲，叶色变黄终至干枯死亡。有资料表明，在 -9℃ 时，翦股颖、多年生黑麦草、草地早熟禾、高羊茅的植株伤害率达 50%，但这只是地上部器官的表现，其分蘖节仍具有活性，即植株仍能存活着，一旦温度回升，还可以发出新芽。冷季型草坪草抗寒性好，这是其越冬表现好、早春返青早而快、绿色期长的遗传基础。

问 13　草坪建植管理中应解决的主要问题是什么？

答　我国幅员辽阔、地形复杂、气候类型多样，环境条件的差异是有悬殊的。在亚热带和温带的过渡区，冷季型草坪草在晚秋或春天可以生长旺盛，但夏天往往易发生枯萎，并且需要更多的水分进行养护管理。暖季型草坪草虽然能耐夏季的高温干旱，但其绿色期很短而且在寒冷的冬季容易发生冻害。如北京地区气温夏季炎热、冬季严寒，这种气候特点给草坪草的选择和管理带来了困难，即暖季型草坪草在北京有难以越冬的问题，冷季型草坪草则存在夏枯现象。在我国华北平原以南地区，7、8 月份的月平均气温通常都在 25℃ 以上，冷季型草坪草的夏枯现象十分严重。我国南方，细叶结缕草、狗牙根等暖季型草坪草有较长的绿色时期，但是在冬季其地上部分几乎全部枯死。因此，延长暖季型草坪草的绿色期和解决冷季型草坪草的夏枯问题是草坪管理的重中之重。

问 14　草坪草对水分有什么要求？

答　植物的一切正常生命活动，只有在一定的细胞含水量下才能进行，否则将会受阻，甚至死亡。植物从环境中不断吸收水分，以满足正常的生命活动需要，同时，又不断散失水分到大气中，形成了植物的水分代谢。草坪草的含水量可达其鲜重的 65%~80%。含水量与草坪草种类、组织器官及生长环境有关。

问 15　影响草坪草需水量的因素有哪些？

答　影响草坪草需水量的主要因素有：①由大气干燥程度、风力大小综合决定的气象条件，气温高、空气干燥、风力大时草坪草需水量大；②由土壤湿润程度和导水能力决定的土壤供水状况，土壤干燥、导水能力差的草坪草需水量就大；③草坪草种类及其生长发育状况，生长期长、叶面积大、生长速度快、根系发达的草坪草需水量就大。

问 16   水分缺失对草坪草有什么影响？

答   当土壤水分严重缺乏时，植物组织因缺乏水分而受到伤害；当大气相对湿度过低时，植物因蒸腾加剧，耗水速率远大于植物吸水的速率，破坏了植物水分平衡，对植物组织造成伤害。植株缺水情况下，叶片与茎的幼嫩部分下垂，发生萎蔫。一般来说，轻度和中度缺水引起暂时萎蔫，严重缺水引起永久萎蔫。暂时萎蔫可以通过灌溉使植株恢复正常，而永久萎蔫即使灌溉也无法使植株恢复。

问 17   土壤含水量过多对草坪草有什么影响？

答   在某些情况下，水分过多也会对草坪造成危害，尽管水分过量对草坪造成的危害比水分亏缺对草坪造成的危害要少见。水分过多的原因有地表或地下排水不良、降水过多、灌溉过量、地下水位过高或者发生洪水等。水淹对草坪草的危害更多的是由于水淹减少了土壤中的氧气而引起的。草坪草根系处在缺氧的环境中，大大降低了其生理活性，抑制了根系的生长。随着水淹时间延长，草坪草的根系会窒息死亡。过多的水分还会造成土壤压实度变高，影响草坪地下部分的通气。同时，在地上部分受到水淹时，由于水中通常含有大量的泥沙，它们附着在草坪草的茎叶上，会极大地妨碍其光合、呼吸等生理活动。这一切，导致了草坪草活力下降、质量降低，甚至整个草坪会被毁坏。

问 18 草坪草对土壤有什么要求？

答 根据质地不同可把土壤分为三大类：沙土类、壤土类和粒土类，每一类下面又可再分为几种。通常认为，壤质土和沙质土是建植草坪较理想的土壤质地。但是，当我们在选择建植草坪的土壤类型时，最重要的是考虑草坪的用途和土壤所担负的功能。对于运动场和高尔夫球场等经常强烈践踏的草坪的土壤来说，沙质土壤并结合充足的灌溉对草坪草的生长是较适宜的。对于践踏较少的庭园草坪或观赏性草坪来讲，适宜的土壤质地则是持水性、保肥性较高的粉沙壤土或粉质黏壤土。

问 19 土壤中有哪些有机质？土壤的枯草层对草坪草有什么作用？

答 土壤有机质主要包括土壤中的各种动植物残体、微生物及其分解合成的物质，还有施入土壤中的有机肥料。草坪土壤中表层土壤的有机质含量通常较高。草坪草衰老的根、茎、叶以及修剪过程中留在土壤表层的草屑，经过土壤微生物的分解和部分分解，在土壤表层形成的大量的植物残留积累，构成了草坪土壤的枯草层。枯草层中的元素组成主要包括碳、氢、氧、氮、磷、钾、钙、镁、硅，以及铁、硼、锰、铜、锌、钼等微量元素。待枯草层分解后不仅可以为草坪草的生长提供丰富的营养元素，而且还利于土壤形成良好的结构，改善土壤通气性和持水性以及抗板结能力。

二、 草坪建植中常见的问题

问20　草坪建植的方法有哪些？

答　草坪一般通过种子播种和营养繁殖来建坪。由于种子播种的方法建坪成本低，但从播种到成坪所需的时间较长，相对来说，养护管理难度也比较大。常用于复杂地形的生态恢复和大面积牧草播种。在城市绿化方面则一般选择营养繁殖的方法，虽然建坪成本要高一些，但是成坪速度快，管理难度较低。在一年之中除冬季之外，其他时间都可建成"瞬时草坪"，常用于应急草坪的补植及局部修整，例如小区绿化、园林养护等。

草坪草播种机（阿玛松 D9）

问 21   建植草坪大致有哪些环节？需要做哪些工作？

答   一般来说草坪的建植大体包括四个环节：场地准备、草种选择、栽培过程和种植后的前期养护管理。草坪建植包括草坪建设与种植。草坪建设需要做的工作有：①草坪设计；②草坪规划；③草坪造型。草坪种植需要做的工作有：①草坪播种材料选择；②用适宜的方式播种；③播种后草坪前期的养护。

问 22   草坪营养繁殖的具体办法有哪些？

答   草坪的营养繁殖，一般最常用的就是草皮块铺植法，具体流程如下：草皮块铲运，一般草皮块厚 2～3 厘米，规格为 30 厘米×30 厘米；草皮块铺装，具体的方法有密铺法、间铺法、条铺法，铺植时需要适度灌水，保持土壤湿润。另外，针对一些具有强烈匍匐茎和根状茎生长的草种，还有分株栽植法、点铺法、嫩枝植株繁殖法等。我们在生产时，要根据具体的草种特性选择合适的场地和合适的方法。

用于营养繁殖法建植草皮块

问 23   如何使用密铺法铺植草坪？

答   ①先将要建坪的土地翻耕整平并保持土壤湿润。②将在苗圃地培育成的草坪草切成长宽各为 30 厘米，厚为 2～3 厘米的草皮块，带根铲起来，压 30 厘米×30 厘米的胶合板制成托板，装车运到铺草地块。③铺植草坪，铺植时草皮块要一块块紧相衔接，铺完以后要用 0.6～1 吨重的滚筒夯紧夯实。压紧后的草坪应是草面和四周上面都平整，使草皮与土壤紧接触，无空隙。④草皮铺好夯实以后，要立即进行均匀适度的灌溉，以固定草皮并促进根系生新根和生长。⑤如果铺植后有低凹面，可以通过覆土使低凹面平整。

问 24　如何使用间铺法铺植草坪？间铺法铺植草坪有什么优点？

答　采用间铺法铺设草坪时，在平整好的地块上先按照相应的图案和草皮厚度将铺草皮处挖低一些，使铺下的草皮与四周土面相平。待草皮铺好后用滚筒滚压夯实并灌溉。当草皮块开始生长后，其匍匐茎向四周蔓延生长直至与其他草块互相接合达到草坪建植目的。采用间铺法铺植草坪主要有两个优点：①间铺法铺植草坪可以节约草皮材料；②间铺法铺植草坪是采用长方形草皮块按照铺块式或梅花式的形式铺植，各草皮块相间排列图案较为美观。

问 25　如何使用分株栽植法建植草坪？

答　分株栽植法在整个生长季节都可以进行。①在平整好的地面上以一定的行距挖深为 5 厘米左右的沟。②把从苗圃地里挖出的草苗分成带根的小草丛按照一定的株行距栽入沟内（行内植株与植株间的距离一般为 15 厘米，栽植行与栽植行间的距离通常为 20 厘米）。③完成栽种后需及时进行灌溉，促进根系生新根。

问 26　如何使用点铺法建植草坪？点铺法建植草坪有什么优缺点？

答　使用点铺法建植草坪具体方法是：将草皮塞（直径 5 厘米、高 5 厘米的小柱状草皮柱或草皮块）以 30～40 厘米间隙插入坪床，草皮柱的顶部与土表相平。还有一种是人工用环刀挖取直径 10～20 厘米、高 4～5 厘米的草坪大塞，插入严重退化的草坪需要修补的地方。点铺法铺草坪的优点有：①节省草皮材料。②适用于匍匐茎和根茎较强的草种，最适于结缕草。③点铺法可以用于建立新草坪，也可以用于将新草种引入已建成的草坪中。点铺法铺草坪的缺点是：成坪时间过长，不宜用于快速建坪。

问 27　草坪铺设前，要如何处理实施地？

答　对土壤进行杀虫处理，防止地下害虫危害，结合整地、施肥，同时撒施适量农药进行坪床杀虫处理，预防苗期地下害虫危害。结合翻地，均匀撒施土虫净 4～6 千克/亩，下雨前撒施或撒施后灌水，可杀灭土壤中的蛴螬、地老虎、蝼蛄、金针虫等地下害虫。每公顷用 50% 的辛硫磷颗粒剂 375 千克与细土拌匀，均匀撒施在土壤表面，并与肥料同时翻入土中，杀灭地下害虫。98% 棉隆（必速灭）微粒剂，对土壤害虫、真菌和杂草都有一定的防治效果，撒施后与肥料同时翻入土壤中。土壤施肥结合整地施入基肥，将腐熟有机肥拍碎、过筛、去杂。肥料必须撒施均匀，以免草籽播种或草块、草卷铺设后出现草墩，影响草坪的整齐度和观赏性。面积较大的坪地，应分块撒施。土地平整对地下管线回填土应先压实，再进行翻耕，做到栽植土下实上松，防止灌水后土壤塌陷。使用旋耕机，将肥料翻入土壤中，耕作深度一般为 20～30 厘米，将土壤翻松，同时将杂草草根、树木残根捡拾干净。先用大型平地机大致抄平。草坪质量要求较高的大型广场、运动场地等，应将场地划分成数个面积相等的小方块，四角打入木桩，用水准仪定好标高，然后逐块用细齿耙耕 2 遍，将坪床整细、整平。坪床粗平后，整个坪床再用激光平地机，配合水平仪反复找平。低洼处边填土边整细、整平，地面必须保持一定的坡降。要求坪床土壤疏松，无粒径大于 1 厘米的土块。无树根、宿根性草根、草茎、碎石、瓦块与其他杂物等。草坪播种地地表 30~40 厘米种植土需全部过筛，用细齿耙耕 2 遍后，搂平耙细，再用石碾碾压 1~2 遍。播种前两天，应在整平的播种地上灌足底水，待地面不黏脚时，将表层土搂细耙平即可播种。

对土壤实施处理后铺设草皮

问 28 怎样准备建植草坪的坪床？

答 坪床是草坪草生长的基础，坪床的质量很大程度上决定了建植草坪的成败。坪床的准备一般包括：①清理坪床。清理坪床中的木头、石块、大树根、草根等，必要时将土壤过筛。②坪床粗略平整。挖掉凸起部分并填平低洼部分，应把标桩钉在固定坡度水平之间，注意填土的沉陷问题，细土通常每米下沉 15 厘米，填方后应镇压。③土壤改良。取坪床土壤进行土壤测试，测出土壤所缺乏的营养元素，根据测试结果将基肥与土壤改良剂通过土壤旋耕加入坪床，旋耕后要耙平并轻轻镇压。

问 29　如何选择草坪草种?

答　草坪草的选择主要根据土壤的质地、结构、酸碱度、土壤的肥力及不同草坪草的适应性等因素来进行选择。例如：在贫瘠的土地上不适宜种植匍匐翦股颖这样需要精细管理的草种；假俭草较耐酸，而冰草、野牛草等较耐碱；运动草坪需要耐践踏、耐修剪的草种，一般选择狗牙根。

常见草坪草适宜 pH 值表

草坪草种	适宜 pH	草坪草种	适宜 pH
细弱翦股颖	5.5～6.5	巴哈雀稗	6.5～7.5
葡茎翦股颖	5.5～6.5	狗牙根	5.7～7.0
草地早熟禾	6.0～7.0	野牛草	6.0～7.5
一年生早熟禾	5.5～6.5	地毯草	5.0～6.0
普通早熟禾	6.0～7.0	假俭草	4.5～5.5
羊茅	5.5～6.8	钝叶草	6.5～7.5
高羊茅	5.5～7.0	结缕草	5.5～7.5
一年生黑麦草	6.0～7.0	沟叶结缕草	5.5～7.5
多年生黑麦草	6.0～7.0	格兰马草	6.5～8.5
冰草	6.0～8.0	猫尾草	6.0～7.0
无芒雀草	6.0～7.5	绒毛翦股颖	5.0～6.0

问 30　如何进行草坪播种?

答　①播种量。播种量要根据草种的用途来定。一般来说运动草坪比普通草坪播量高，肥沃的土壤比一般的沙质土播种量低。②播种期。冷季型草坪最宜播期为夏末秋初，暖季型草坪最佳播期为春季。③播种方式。播种可采用单播、混播或混合播种，最好采用专门的播种机播种，既能播种又可覆土且还比手工均匀。

问 31 草坪的播种方式有哪些？

答 在暖季型草坪草中，狗牙根、野牛草及钝叶草一般只用于单播，在冷季型草坪草中翦股颖有时采用单播。暖季型草坪草种宜单播，因为暖季型草坪草在混播中易形成孤立的斑块，降低草坪质量。在公园绿地选用草地早熟禾的不同品种混合播种，可使草坪呈现深绿色，低生长习性，建植快，质地细，具有良好的抗旱、耐热特性，需要较少的养护管理。混播在草坪建植中运用很多，因其具有运用一种草坪草的优势补偿另一种草坪草的劣势的特点。对大多数地方的气候来说，最好的混播是将抗病虫害品种与强适应性品种混播。混播的原则是：在一起的草种要在颜色、质地、生长率及入侵力上相似。在混播组合中，每一草种的含量应控制在有利于混播中主要草种发育的程度。冷季型草坪草混播比较普遍，能形成抗病性强、品质高的草坪。

常见草坪草播种量（用于单播）

草坪草种类	每亩播量（千克）
鸭茅	0.75 ~ 1
翦股颖	5 ~ 7
结缕草	5 ~ 6
高羊茅	1 ~ 1.5
早熟禾	6 ~ 9
狗牙根	6.5 ~ 10
多年生黑麦草	6 ~ 8
假俭草	6 ~ 7.5

问 32　建坪前，如何选择草坪草种子？

答　①适应当地气候环境。根据气温适应性将草坪草分为冷季型和暖季型草坪草。选择草坪草首先定大类。冷季型草坪最适生长温度是 15～25℃，注意长期高温、干旱或者极端气温常发地不宜选择。像东北、西北、华北和华东、华中等长江以北的广大地区，适宜选择冷季型草坪草。暖季型草坪草最适合生长温度为 25～35℃，长期低温或极端低温常发地不宜选择。在我国的亚热带地区、中部温带地区，适宜种植。②选择优势互补和景观一致的草坪草。混播草坪草应在生长习性、土壤适应性及抗病虫性等方面存在差异，才能更好地适应环境，能达到优势互补。景观一致则可选择同一草种的不同品种，不同种类的草坪草也可混播，但适用于运动型草坪，为使景观一致可增加某一种表现优秀的草种播量。

问 33　草坪草种混播有哪些需要注意的事项？

答　草种混播的技术常用于冷季型草坪的建植。混播的主要优势在于混合群体比单一群体具有更广泛的遗传背景，因而具有更强的适应性。但草种混播应注意一些要点：①外观质地的一致性。被用作混播的草种通常要在叶片质地（即叶片的粗细程度）、生长习性（丛生、根丛生、匍匐生长）、色泽、枝叶密度、垂直向上生长速度等方面较为一致。②混播的配比应合理。播的配比及播种量混播各组的配比主要由草坪建植后的生长环境条件，土壤条件以及草坪的用途确定。例如，生长旺盛的草种如多年生黑麦草在混播中的比例通常不超过 50%。

问 34　选择草坪草种子生产地区时需要考虑的因素有哪些？

答　草坪草种子生产对生产地区的要求与牧草生产截然不同。①必须考虑气候条件。同一草坪草在不同的地区，种子产量相差很大。不同品种适宜进行种子生产的地区也各不相同。②要考虑土壤条件。用于草坪草种子生产的土壤最好为壤土，壤土较黏土和沙土持水力强，有利于耕作和除草剂的使用，还适于草坪草根系的生长和吸收足够的营养物质。土壤肥力要求适中，肥力过高或过低，会导致营养生长过盛或不足从而影响生殖生长，降低种子的产量。土壤中除含有足够的氮、磷、钾和硫之外，还应含有与草坪草生殖生长有关的微量元素硼、钼、铜和锌等。

问 35　草坪草种储存需要注意什么？

答　对于一般的草坪草种，我们在储存时，注意干燥、通风、阴凉这三个基本条件就够了。干燥，就是不要将草种储存在潮湿或者低洼的空间；通风，就是不

草坪草种储存仓库

要将草种储存在密闭或者不透气的地方；阴凉，就是不要将草种储存在阳光直射或者高温的环境中。通过干燥、通风、阴凉的储存环境，草种能够保证自身的稳定和安全，避免细菌滋生、草种变质、火灾等情况发生。除此之外，我们还要注意蟑

蝉、老鼠等容易在仓库等储存环境出没的生物，做好防御措施。这样适宜的储存环境，能让草种储存数年。

问 36 常见的干燥草坪草种的方式有哪些？

答 草坪草种子干燥的方式主要有自然风干和机械烘干两种方式。①自然风干可在四周空旷、通风又无高大建筑物的地方用日光曝晒干燥，此方法简单经济，操作容易，但也易受季节和天气的影响。②机械烘干时，热风温度应选在 $40 \sim 60 ℃$ 之间，种子的初始水分越大，选择的热风温度应该越低。含水量 25% 时可在 55℃ 安全干燥。最大允许降水速率是：大粒种子 $0.8\% \sim 1.2\%$，小粒种子 $0.5\% \sim 0.8\%$。此方法快捷高效，保证了草种质量，但费用相对偏高。

草种加工设备

问 37 草坪种植后，如何进行前期养护管理？

答 草坪种植前期养护管理一般包括：修剪、施肥、灌溉三部分。修剪主要是有利于地下组织生长，修剪高度越高绿色组织获得的光就越多，利于地下根的生长。施肥是为了维持草坪土壤营养平衡，施肥量要根据草种、土壤类型、降雨、灌溉等因素确定。理想化的草坪施肥是在不过分刺激茎叶生长的同时，产生最大的叶绿素量以确保最大光合作用。在前期养护管理中，灌溉最好用可移动式喷灌系统进行，根据气候条件确保草坪建植过程中水分条件适宜。

问 38　新建草坪修剪时，应特别需要注意什么？

答　一般冷季型草发芽后一个月就应修剪，修剪应遵循 1/3 原则（剪去自然高度的 1/3）。剪草机的刀片要锋利，否则容易伤及幼苗。第一次剪草前要减少浇水，尽量不使用重型剪草机械，防止剪草机陷入土壤。

问 39　新建草坪如何施肥？

答　草坪生长发育需要很多种养分，其中氮、磷、钾三种养分需要量最大，其他微量元素也必不可少。根据土壤养分的不同和草种不同的生育期，我们要选择好肥料的种类，例如无机肥还是有机肥、复合肥还是单一肥。同时，要确定好肥料的用量。具体施肥需要注意肥料的特性、植物的特性、土壤特性、施肥的时间、基肥还是追肥及施肥的次数等。

问 40　对新建草坪追肥应注意什么？

答　在坪床准备时，若基肥使用较多，新播草种两个月内一般不用追肥，一旦幼苗出现不健康的黄绿色，就开始追肥。若施用基肥较少或者没有施基肥，幼苗出土后可施少量复合肥，氮肥比例应稍高。施肥最重要的是要均匀，最好用施肥机或手推式播种机进行施肥。施肥量一般每平方米 10 克左右，施肥后通常需要浇水，以防叶片灼伤。

用于搅拌肥料的容器

问 41　新建草坪如何灌溉？

答　草坪的灌溉是根据草坪的条件和需要，及时补充水分，起到调节土壤湿度和养分供应的作用，原则是浇水要均匀透彻。根据草坪的草种、草坪的类型、草坪的生长季节和时期等确定灌溉的用量和次数。目前有喷灌、滴灌等先进技术。灌溉时，要选择未受污染的优质水源，遵循浇水宜浇透，不必过勤的原则，遵循草坪生长规律，宜在上午浇水最好。

问 42　对新建草坪浇水应注意什么？

答　灌溉是新建草坪管理的关键措施之一。在新播的坪床上，第二次浇水就应浇透，让土壤湿润 15 厘米深。过后，应遵循均匀、少量、多次的原则进行浇水，使土壤表层 1.3 厘米必须保持不干燥。在炎热干燥时期，每天至少浇水三四次。

用喷灌设备灌溉草坪

问 43　新建草坪杂草防治时应注意什么？

答　幼苗对除草剂很敏感，容易受伤。所以，施用除草剂时，应确保幼苗至少已经生长了一个月。若杂草比较严重，必须进行防治，尽量选用人工拔草进行选择性杂草防除。使用除草剂时，药量必须严格按照使用说明书配置，不得使用高浓度除草剂，以防污染地下水。

问 44　新建草坪如何进行覆盖？

答　覆盖是指用外部材料覆盖坪床。覆盖具有调节地表温度、防止暴雨冲刷、减少土壤水分蒸发以及防止地面板结等作用。覆盖材料可用专门的地膜、纤维、无纺布等。各种草坪草出苗速度不同，种子待发芽整齐后，就可揭去覆盖物，否则会影响新芽的生长且容易引起病虫害。

问 45 修复退化草坪的必要关键措施有哪些？

答 ①杂草清除。采用人工剔除和化学除草相结合的方法进行防治。注意对于具匍匐茎的杂草，人工剔除反而加速其无性繁殖，应妥善处理。②土壤改良。覆沙可改良土壤粒径结构，施肥或土壤改良剂用来改良土壤酸碱度。③打孔梳草。板结紧实、较贫瘠，坪床硬化、透气、透水性差，打孔机械选择空心锥，施工前期建坪地应大面积打孔，并将随土杂草连根拔除。施工后期待其成坪后，可进行第二次打孔梳草。④草种选择。对平坝斑秃地块进行补播时，应合理搭配草种，最好是混播草坪。⑤草坪补播。撒施 17～23 克/平方米氮、磷、钾复合肥，将复合肥翻嵌入土中，把土块拍细、拉平、浇水，使土壤保持湿润状态。⑥修复更新。定期修剪，使草坪高度一致，边缘整齐。一次修剪高度不大于草高的 1/3，通过少量多次修剪，逐步剪到需要的高度。修剪时的注意事项：注意消毒刀片，以免传染病菌；修剪时要用锐利的刀片；及时清理剪下的草屑。根据土壤墒情进行适时灌溉，每次浇足浇透。使土壤湿润层至少达 25 厘米深。早春施肥以氮肥为主，加速返青；早秋施肥以磷肥为主，促进根系萌生、增强抵抗病虫能力，延长绿期。后期注意杂草防除和病虫害防治。

问 46 为什么草坪边缘的草长得特别好？

答 这里要涉及一个名词"边缘效应"，在田间试验时，即使土壤条件是相同的，但由于每一植物个体所占空间的不同和相连试验区的影响以及小气候的差异等，周边部分与中央部分的作物在株高、粒数和病虫害的危害等方面也会出现差异，这种现象称为"边缘效应"。草坪边缘的草株因为"边缘效应"等原因生长特别茂盛，甚至会延伸到草坪界限外，影响景观和使用。所以，在日常养护管理中，我们要经常进行切边，向下斜切 3～4 厘米深，切断草根。

草坪边缘草长势良好

问 47　如何判断新建草坪的种苗是否发育良好？

答　草坪草建坪成功与否，种苗是否发育良好是一个非常重要的参考指标，直接关系到建坪质量的优劣。发育良好的种苗各部分健康、完整、均衡、未受损伤。具体从如下方面进行判断：①具有发育良好的根系。种苗具长而细的初生根，常布满大量根毛，末端细尖。②除初生根外还产生次生根。某些属由数条种子根取代一条初生根。③种苗具细直且伸长的下胚轴。子叶留土发芽的种苗具发育良好的上胚轴；禾本科草坪草的某些属具不同伸长程度的中胚轴。④发育良好的种苗具有特定的子叶数目。单子叶草坪草具一片子叶，或呈绿色叶状体或留在种子内；双子叶草坪草具两片子叶，子叶出土发芽的种苗子叶为绿色，呈叶片状，子叶留土发芽的种苗为肉质半球形并保留在种皮内。⑤具有直立的胚芽鞘。鞘内包含一绿色叶片延伸到其顶端，最后绿叶由胚芽鞘内伸出。

问 48　林下种草怎么样？

答　在国家大力提倡生态农业、立体经济的背景下，林下种草成了热门项目。林下种草是一种资源多重利用的高效经济模式，不仅有很好的生态效益，也能创造更多的经济效益。林下种草让广阔的林地产生经济效益，弥补林地前期见效慢、效益低的问题。在树林里种植紫花苜蓿、黑麦草等优质牧草，同时在林下饲养肉牛、奶牛、野兔、羊等家畜，家畜粪便可以作为树林的肥料，这种林下种草供家畜食用，养殖家畜的模式既可以节约饲料成本，又能促进畜禽生长，同时林地也不缺肥料，是一个多方受益的好项目。

林下种草

问 49　现阶段有什么播种新技术？

答　近几年，随着无人机技术的不断进步，越来越多的领域有了无人机的身影，在种草方面也不例外。无人机播种特别适宜需要直播、浅层播种的作物，这恰恰符合了草种的特性。相对于传统的人工或机械播种方式，无人机播种具备许多优势，尤其在牧区等大面积生态种草的地方。首先，无人机播种通过微电脑控制播种量，保证了播种质量；同时，无人机体积小巧，方便运输和转场，不需要花费更多的人力和物力，节约了成本；然后，无人机空中作业，不再受地形条件影响，大大提高了播种效率；最后，无人机播种通过无人机操控手遥控实施，将农牧民从繁重的作业中解放出来。

用于种草的大疆植保机 MG－1S

三、 成坪后的养护管理问题

问 50　怎样做好庭院草坪的管理？

答　庭院草坪由于周围钢筋水泥建筑及人类活动的影响，草坪管理的要求也比较高。要养护好庭院草坪，首先要做好防除杂草的工作。幼苗出土后，杂草也随之生长。这时，可采取人工拔除，反复多次。其次，要注意土壤水分的保持。幼草生长初期，若遇久旱不雨，要进行人工浇水，特别是夏季高温时浇水要勤，保持草地土层 10～25 厘米处润而不湿。浇水应遵从少量多次的原则，既不让草坪干燥，也不要使草坪表面积水和泥泞。由于庭院草坪大多有生长不整齐的现象，所以应在适宜时期用机械修剪（面积小可人工刈割），以保持草坪的平坦整齐。庭院草坪修剪，一般保持草坪 6～8 厘米高为好。每次修剪，被剪去的部分一定要在草坪草生长顶部总量的 1/3 以内。

问 51　草坪的养护有哪些基本措施？

答　草坪的养护措施一般包括：修剪、施肥、浇水、杂草防除和病害防治等内容。每一种养护措施都有其特殊的养护作用。在实际操作中，需要将这些养护措施相互有机结合进行。修剪可以控制草坪草生长高度，使草坪平整美观。只有各种所必需的营养物质满足了，草坪才能茁壮地生长发育，因此要根据不同的情况，实行平衡施肥。灌溉是适时、适量地满足草坪生长发育所需水分的主要手段。

问 52　为什么要修剪草坪，修剪草坪有哪些经验？

答　修剪草坪一般使用动力机械来控制草坪的生长高度，使草坪美观平整，同时促进植株基部萌发新草枝，增加扩展性，提高使用价值。一般来说，修剪的时间和间隔天数，视草种的生长特性和使用目的不同而异。新建草坪在 10 厘米时就可以修剪，每次修剪宜采用 1/3 原则，休眠期不用修剪。修剪完成后要及时清除草屑，保持草坪清洁。

用手推式剪草机修剪草坪

问 53　草坪的修剪频率如何确定？

答　修剪频率是指一定时间内草坪修剪的次数。修剪频率
主要取决于草坪草的修剪高度和生长速度。生长迅速的草种通
常需要更频繁地修剪。一般来说，冷季型草坪草在夏季进入休
眠，一般 2～3 周修剪一次。但在秋、春两季由于生长茂盛，
冷季型草需要经常地修剪，至少一周一次。同时，为了使草坪
有足够的营养物质越冬，在晚秋修剪频率应降低。暖季型草坪
草只有夏季生长处于高峰期，应进行多次修剪。暖季型草冬季
休眠、春秋生长缓慢，应减少草坪修剪的时间和次数。一般来
说，大量施肥和灌水的高强度养护草坪比一般草坪生长速度要
快，需要更频繁地修剪。

问 54　夏季修剪冷季型草坪时应注意什么问题？

答　夏季对冷季型草坪修剪时，切记不能单一地强调低修
剪对草坪通风透光的改善作用，而忽视了冷季型草坪生长速度
快的特性。为了改善冷季型草坪在夏季通风透光条件，使冷季
型草坪适应炎热的环境，进行过度地草坪低修剪的管理措施，
此做法使草坪长势迅速减弱，对环境的适应性急剧下降，为各

类病虫害的发生创造了有利条件，这种做法是得不偿失的。夏季修剪冷季型草坪的正确做法是：将修剪高度提高 1～2 厘米，以增强草坪抵抗不良环境的能力，每 10～15 天修剪一次。

问 55　草坪的修剪高度如何确定？

答　草坪的修剪高度是指草坪修剪后立即测得的地上枝条的垂直高度。对于任何一次修剪，被剪去的部分一定要控制在原有高度的 1/3～1/2。如果一次修剪量大于原高度 1/2，叶片大量损失将导致草坪草光合作用能力的急剧下降，根系无足够养分维持而死亡，进而导致草坪草死亡。正确的做法是：增加修剪次数，逐渐降低高度。当草坪受到不利因素压力时，应适当提高修剪高度，以提高草坪的抗性。在夏季，为了增加草坪草对热度和干旱的忍耐度，冷地型草坪草应留得较高。要恢复由于病虫害、践踏及其他原因造成的草坪伤害时也应提高修剪高度。当草坪草处于休眠状态时，应把草坪剪低，以利枯草的清除。

问 56　修剪草坪时有哪些注意事项？

答　①修剪前必须仔细清除草坪内树枝、石块等杂物。②草坪修剪时，土壤应该保持一定的硬度，以免破坏草坪的平整度。③机具的刀刃必须锋利且修剪时叶上应无露水，以减少病害的发生。④机油、汽油、柴油滴漏到草坪上会造成草坪死亡，严禁在草坪上对割草机进行加油或检修。⑤修剪草坪时，确认修剪带是平行的，且每次修剪要改变方向。

修剪良好的草坪（长草区）

问 57 如何确定草坪施肥方案？

答 天气条件、生长季的长短、土壤质地及灌溉量等都是影响施肥方案的因素，草坪草施肥应综合诸多因素，科学合理地制定。草坪施肥首先要制定一个施肥计划，即在这一个生长季节中准备施用的肥料总量。①首先是氮肥的用量，接着是氮、磷、钾比例的确定，确定后即可计算出对应的氮、磷、钾肥的施用量。②确定施肥的时间和单次使用的肥料种类和数量。③考虑天气条件对安排施肥时间影响。当温度和水分条件有利于草坪植物生长时最需要营养，此时应进行施肥，当环境不适或发生病虫害时，应避免施肥。冷季草最重要的施肥时间是夏末，10 月秋末施肥能促进根系生长和春季较早返青。暖季草最重要的施肥时间是春末。

问 58 如何确定施肥量？

答 当植物不能从土壤中得到足够营养元素时，它们的外表和生长状况会发生变化，依据缺乏不同元素所表现出的特定的不同症状，即可判断出可能缺乏的营养元素。在确定了施肥种类后，施肥者既完成了施肥计划的第一步，明确须准备施用的肥料种类。一般氮、五氧化二磷与氧化钾比例有 3：2：2、

5：4：3和4：3：2等几种，可依据草坪及种植土壤的实际养分状况选用。

问59　怎样确定冷季型草坪施肥的时间和次数？

答　冷季型草坪草春季返青后开始快速生长，在炎热的夏季，草坪草生长又开始变慢，秋季伴随气温的下降，草坪草重新开始快速生长，但生长的程度要小于春季。根据其生长规律则春季应轻施氮肥，秋季重施氮肥，而夏季只在草坪出现缺绿症时才施用少量氮肥。重施秋肥的依据是：冷季型草坪草根系的最适生长温度低于地上部分，秋季伴随气温的下降草坪地上部分生长变慢，深秋时地上部分停止生长。由于土壤温度还适于根系生长，并且土温降低速度慢于气温，所以根系仍可正常生长一段时间。此时地上仍有一定数量的光合组织，可满足根系吸收营养和生长的需要，此时施用的肥料可起到促进根系生长并为第二年储备营养。每一次施肥的具体开始时间要依据当地的气候条件而确定，其中春季两次施肥和秋季两次施肥的间隔时间都应是30～40天。而深秋施肥的时间决定于当地的气温和土温变化，一般开始于日均温10～15℃时。一般温带地区冷季型草坪一年氮肥的总用量应是每100平方米1.47～2.44千克。

问60　怎样确定暖季型草坪施肥时间和次数？

答　暖季型草坪草冬季的几个月一般处于休眠状态，失去叶绿素变成枯黄色，光合作用停止，不能合成碳水化合物。伴随春季气温升高，暖季型草坪草从休眠中缓慢恢复，盛夏生长速度达到最高，秋季气温下降后，暖季型草坪草又转入休眠。由于生长规律不同，暖季型草坪草不能借鉴冷季型草坪草的氮肥施用计划，只能依据环境和土壤条件作出具体决定。有些地区暖季型草坪草冬季不休眠，暖季型草坪草有相当一段时间虽然未完全休眠，但生长速度缓慢，这时氮肥用量应相应减少。

问 61 制定施肥计划有哪些应注意的事项？

答 ①氮、磷、钾的比例控制在 5：4：3 为宜，肥力中等的土壤一般施用量为 20 千克/亩。正常情况下，南方秋季施肥，北方春季施肥。②施肥应和浇水应密切配合，以防草坪被肥料灼伤，如条件允许最好使用配比好的液肥。③有机肥多在草坪休眠期施用，用量一般为 1 000~1 500 千克/亩，每隔 2~3 年施用一次。有机肥的施用不仅能够改进土壤疏松度和通透性，而且有助于草坪安全越冬。

问 62 常见的施肥方法有哪些？

答 根据肥料的剂型和草坪草的需要情况，施肥方法通常分喷施、撒施和点施三种。液体肥料或水溶性粉质肥料可采用喷施，干的颗粒肥料采用撒施或点施。喷施是用喷洒器施用，撒施或点施是用手工或机械施用。一般小面积草坪采用手工施肥，大面积草坪采用专业施肥机进行。手工撒施肥料通常将肥料分为两等份，横向施一半，纵向施一半，通过少量多次和不同方向交叉施肥可有效防止施肥不匀造成的花斑。大面积草坪多用机械撒施，机械施肥的优点是均匀而且效率高，常用机具是离心式手推施播机。施肥中最重要的是均匀问题。施肥不均匀，会破坏草坪的均一性，降低草坪质量和使用价值。肥多处草色深，因生长快而草面高；肥少处则色浅低矮；无肥处草色枯黄稀疏。

问 63 施肥有哪些注意事项？

答 ①施肥应按需进行。按不同草种、生长状况及土壤养分状况确定具体施肥种类和数量，防止局部肥料过浓而灼伤草坪草。②平衡施肥。除非土壤中某种养分特别丰富，不单独施用某一或两种营养元素，这是为满足植物生长过程中对各种营养元素的需要。即使土壤中的某一营养元素比较丰富，也常会出现由于施用其他元素而造成该元素暂时不足的现象。③按季节合理分配肥料。冷季型草坪轻施春肥，巧施夏肥，重施秋肥。④少量多次施肥。提高肥料利用效率，避免短期过量施肥。⑤均匀施肥。施肥必须均匀，技术不熟悉时采用少量多次施肥保证安全。颗粒化肥应在草坪完全干燥的状态下进行，以确保肥料落到土壤表面，施肥后应及时浇水，使肥料溶解后进入土壤。

问 64　如何防止肥料过量而灼伤草坪？

答　如果施用肥料不当，肥料灼伤会成为一个严重问题。若草坪湿润，颗粒状肥料施肥后应立即浇水，以使肥料溶解后进入土壤，以防止烧伤叶子。如果是叶面施肥，用量很低，施后也可以不浇水。氮的施用量每 100 平方米不超过 0.48 千克。如果施肥过量，应使用大量水进行灌溉。

被过量施肥灼伤的草坪

问 65　草坪草需水量一般是多少？

答　由于我国气候条件复杂，降雨量和降雨时间的分配较不平衡，因此必须制定合理的灌溉计划，以确保草坪的正常生长。一般条件下，草坪草在生长季内遇干旱期，每周灌溉量为 2.5～3.8 厘米；在炎热干旱的地区，每周应灌溉 5 厘米以上。由于草坪根系主要分布在 10～15 厘米及其以上的土层中，所以灌溉后应以土层湿润到 10～15 厘米为标准。

问 66　一般情况下怎样判断草坪需要灌溉？

答　草坪灌溉时间在草坪管理中是一个复杂的问题，灌溉时间的确定需要丰富的管理经验，管理者对草坪植物和土壤条件需进行细心地观察和认真地评价。一般来讲，灌溉时间常依据草坪出现的缺水症状来判断。当草坪草缺水时，首先膨压改变，草坪草出现不同程度的萎蔫，失去光泽变成青绿色或灰绿色。人走过草地后若能看到脚印则说明草坪已严重缺水。

问 67　一天里最佳灌溉时间是什么时候？

答　一天中最适合灌溉的时间应该是无风、湿度高和温度较低的时候，夜间或清晨的条件可满足以上要求。若中午灌溉，水分在到达地面前会蒸发掉 50%。但是夜间灌溉导致草坪冠层湿度过大，常引起病害的发生。夜间灌溉会使草坪草在长时间内湿润，导致草坪植物体表的蜡质层等保护层变薄，病原菌和微生物易于乘虚而入，向植物组织扩散。所以综合考虑，清晨是草坪灌溉的最佳时间。

问 68　如何确定灌溉的次数?

答　一般认为,在生长季内普通干旱的情况下,每周浇水一次;在特别干旱时,每周需灌溉 2 次或以上。草坪灌溉一般应等草坪干至一定程度,这样以便灌溉时给土壤带入空气,并刺激根向深层的扩展。沙壤土保水能力比黏壤土差,更易受干旱的影响,因此需要频繁灌溉。对壤土和黏壤土,灌溉的一条基本原则是:每次灌溉时应使土壤湿润到根系层(0～15 厘米),再次灌溉时等土壤干燥到根系层深度。间断深灌并不适用于所有情况,在沙土上将是一种水分浪费,因为水分会很快渗透到根系不能到达土壤深处。渗透性不好的黏土也不适用这种方法,会引起地表积水。在这两种情况下,小水量多次灌溉更适合。有些草坪病害受灌溉频率的影响,在有些情况下间断深灌会加重夏季斑枯病,所以也不能每天浇水。灌溉次数太多,也会引起较大的病害和杂草问题。如果土壤表面保持长时间潮湿,将有利于杂草种子发芽。

问 69　灌溉有哪些注意事项?

答　初建草坪,出苗前每天灌溉 1～2 次,保证土壤下 5～10 厘米湿润。随着幼苗长大逐渐减少灌溉次数。低温季节,尽量避免白天浇水。草坪成坪后至越冬前的生长初期内,土壤含水量不应低于饱和田间持水量的 60%。为减少病、虫危害,在高温季节应尽量减少灌溉次数,灌溉时间尽量选在下午。在冬季严寒的地区,入冬前必须灌好封冻水。封冻水应在地表刚刚出现冻结时进行,以漫灌为宜,但要防止"冰盖"的发生。

草坪草被冰覆盖

问70　草坪灌溉需要掌握哪些技术要点？

答　①灌溉季节。草坪的灌溉应在蒸发量大于降水量的干旱季节进行，冬季草坪土壤封冻后，无须浇水。②灌溉时间。就天气情况而言，有微风时是浇灌的最好时间，能有效地减少蒸发损失，利于叶片的干燥。在一天中，为提高水的利用率，早晨和傍晚是浇水的最佳时间，不过晚上浇水不利于草坪草的干燥，易引发病害。③灌溉量。在草坪草生长季的干旱期，为保持草坪草的鲜绿，每周需补充水3～4厘米，在炎热干旱的条件下，旺盛生长的草坪每周需补充水6厘米或更多。④灌溉方式。灌溉可采用喷灌、滴灌、漫灌等多种方式，可根据不同程度的养护管理水平以及设备条件采用不同的方式。在秋季草坪草停止生长前和春季返青前应各浇一次水，对草坪草越冬和返青是十分有利的。

问71　枯草层如何形成的？怎样控制枯草层？

答　枯草层是一层部分分解和未分解的植物组织。枯草层积聚在土壤表面，由活的和死的根与茎组成。枯草层在草垫层上方，颜色呈淡棕色，含少量土或不含土。枕草层的保水、保肥性差，过厚的枯草层易使草坪水肥状况恶化，且容易影响农药和除草剂的使用效果。控制枯草层的方法主要有打孔和覆土。

草坪草的枯草层

问72　给草坪覆土有什么作用？覆土有哪些注意事项？

答　打孔后用金属拖网或其他机具将土混入枯草层，可改善枯草层的保水和其他条件，为微生物发育创造有利环境，加强微生物活动而达到加速枯草分解的目的，加入的土粒还有助于改变枯草层的不利影响。覆土能有效地控制枯草层，但费用较高。覆土厚度决定于加土次数和枯草层厚度，每1立方米沙土可在1 000平方米的草坪上覆土约1毫米厚。过厚覆土会阻碍草坪叶片接受光线，影响生长。覆土多用含沙80%的沙土或纯沙，控制枯草层的典型覆土量为每100平方米草坪覆0.15立方米沙土。

问73　怎样给草坪打孔？

答　打孔就是用实心的锥体扦草皮，深度不少于6厘米，其作用是促进床土的气体交换，促进水分、养分进入床土深层。除芯土机械很多，主要有旋转式和垂直式两种。垂直运动打孔机具空心的尖齿，作业时对草坪表面造成的破坏小，且打孔的深度可达 8 厘米，并同时具有向前和垂直两种动作，其工作速度较慢，约为每分钟 10 平方米。旋转式打孔机具有开放泥铲式空心尖齿，其优点是工作速度快，对草坪表面的破坏小，但深度较浅。这两类打孔机根据尖齿的大小，挖出的芯土直径为 6～18 毫米，垂直高度通常在 8 厘米左右，打孔密度约为每平方米 36 个。打孔进行的最佳时间是秋季，通常在九月选择土地和水分状况较好的天气。首先打孔，然后轻压，这种处理有利于排水。同时，在来年夏季干旱时节，可增强形成新根系的抗旱。打孔通常应在以下各处进行：①草皮明显致密、絮结的地段；②降雨后有积水处；③在干旱时，草不正常地迅速变灰暗处；④苔藓蔓生处；⑤因重压而出现秃斑处；⑥杂草繁茂处。

问 74　我国北方地区冷季型草坪的春季管理有哪些特殊的措施？为什么要采取这些措施？

答　①梳草。草坪生长一年后，禾草十分密集且枯草层堆积较厚，此时若不采取措施进行梳草，将会造成草坪通风透气不良，影响草坪的生长发育。同时，通风透气不良的环境也为各种草坪病虫害提供了良好的滋生条件，使草坪受到病虫害的威胁。所以，当北方地区积雪融化气温升高后，应使用手推式梳草机对草坪进行梳草。②打孔。草坪生长多年后，由于人为践踏等原因，土壤结构变得紧密，出现板结现象。土壤板结容易影响草坪根系正常的呼吸，从而影响草坪的生长发育。所以北方地区每年土壤化冻后，要对草坪进行打孔。用打孔机给草坪打孔时，将孔深调至 30 厘米左右，孔径调至 1～2 厘米以保证每平方米刺孔 25 个左右。③镇压后浇水。用镇压机在坪床上来回滚动，对草坪进行镇压，让根系与土壤充分接触。坪床不平的地方，要先铲起草皮，然后用湿土填平，再铺上草皮，进行镇压。有斑秃的地块，应先补植，待补植后再进行镇压。镇压完成后，应浇一次水，浇水要浇透、浇匀。

四、 成坪后的杂草、 病虫害防治问题

问 75　如何用化学方法防除草坪杂草？

答　草坪杂草防治最直接的方法就是化学防除。化学防除就是通过使用化学药剂引起杂草生理异常，并导致其死亡，以达到清除杂草的目的。化学除草剂通常为有机化学药剂，一般分为萌前除草剂和萌后除草剂两种。前者主要用作土壤处理，对土壤起封闭作用，可抑制杂草的萌生或

萌前除草剂——乙草胺

杀死已萌生的杂草幼苗，如乙草胺等；后者在杂草出苗后使用才能确保防治效果，主要引起杂草生理紊乱致死，如 2，4－D 等。在生产中，我们要根据草坪的种类、杂草的发生、分布与群落组成，选择适宜的除草剂种类，然后根据除草剂种类特

性、杂草生育情况、气候条件及土壤特性，确定最佳用药量。同时，还要注意安全保护措施，保证人和周围植物的安全。

问 76 防除杂草有哪些物理方法？

答 ①镇压。对早春已发芽出苗的杂草，可采用重量为 100～150 千克的轻滚进行南北向、东西向交叉镇压消灭杂草幼苗，每隔 2～3 周镇压一次。②人工除草。在小面积草坪上，手工拔草、锄草是一种非常安全有效的方法。③适时修剪。对杂草来说，尤其是一年生杂草防止其种子产生是非常必要的。故因在夏末大多数杂草结籽并未成熟前进行修剪，以有效地防除一年生杂草和以种子繁殖的多年生杂草。④精选种子。种子必须用精选机进行精选，使种子的纯净度达到标准，有效去除杂草种子后才能用于播种。⑤处理有机肥料。土壤中所施用的堆肥或厩肥必须经过 50～70℃高温堆沤处理，闷死或烧死混在肥料中的杂草种子，然后方可施入。⑥提高草坪自身养护水平。对板结的土壤要进行改良，定期对草坪进行合理的养护管理，为草坪草提供良好的生长环境使草坪草生长旺盛，密度加大。

问 77 常见的化学除草剂有哪些类型？

答 目前已有一些专门用于防治草坪杂草的除草剂，且不同类型的杂草所用的除草剂不尽相同。①根据植物的吸收方式：可分为触杀性除草剂和内吸性除草剂。触杀性除草剂只能对所接触到的部位有灭杀作用，主要用于防治一年生杂草和以种子繁殖的多年生杂草，而对多年生靠地下器官繁殖的杂草效果很差。内吸性的除草剂是通过植物的叶、茎或根吸收，再疏导到植物的其他部位，使植物受害，达到灭杀的目的。②根据除草剂的使用范围：可分为选择性除草剂和非选择性除草剂。

选择性除草剂对一些植物有选择性地杀伤，而对另一些则安全。这类除草剂一般用于苗后施用，防除阔叶杂草或一年生杂草。非选择性的除草剂对所有的植物都有不同程度的杀伤，一般用于草坪初建前土壤处理或草坪更新上。非选择性除草剂能杀死大多数杂草，包括一年生、多年生及阔叶杂草。

问78 播种前如何使用化学方法防除杂草？

答 初建大面积草坪，一般可在播种或移栽前，用草甘膦等非选择性除草剂灭除。例如用41%草甘膦水剂、每100平方米3~6升，加水配成药液，喷于杂草茎叶；或在草坪草播前3~4天或杂草出苗后，用20%百草枯水剂每100平方米5.6升，加水300~500升，喷于杂草茎叶上。若发生阔叶杂草较多时，可选用2，4-D丁酯类的防除阔叶杂草的除草剂，例如在杂草3~5叶期，用56%的二甲四氯钠原粉每100平方米1.8~2.1千克，或20%二甲四氯钠盐水剂每100平方米5.25~6升，加水配成药液进行茎叶喷洒。若发生禾本科杂草较多时，可选用茅草枯等除草剂灭除。施药后，至少要一个月以后再播种或移栽。

问79 播种后出苗前如何使用化学方法防除杂草？

答 用出苗前土壤处理剂处理。如在草地早熟禾、多年生黑麦草、羊茅等草坪播种后苗前杂草发芽前，用50%环草隆可湿性粉剂每100平方米4.5~13.5千克，加水配成药液，均匀喷于地表，防除马唐、狗尾草和稗等一年生禾本科杂草特别有效。如在早熟禾、多年生黑麦草草坪上，在播种后苗前杂草发芽前，用25%恶草灵乳油每100平方米7.5~15升，加水配成药液，均匀喷洒于土表，可防除稗等一年生杂草和藜、田旋花等阔叶杂草。用48%地散磷浓乳剂每100平方米4.5～13.5升，加水配成药液均匀喷洒于土表，可防除马唐、看麦娘、早熟禾、稗、蟋蟀草、藜、苋、马齿苋、荠等多种一年生禾本科杂草和阔叶杂草。

典型的一年生禾本科杂草（一年生早熟禾）

问80　草坪苗期如何使用化学方法防除杂草？

答　草坪草幼苗对除草剂很敏感，最好延迟施药，直到新草坪已修剪3～4次再施药。如果杂草较严重，可选用对幼苗安全的除草剂，如溴苯腈。或按正常比例的一半施用普通的灭杀阔叶杂草的除草剂。例如用72%的2，4－D丁酯每100平方米加水0.6～1.1升配成药液，均匀喷洒于杂草茎叶，可防除阔叶杂草。

问81　一年生禾本科杂草如何防治？

答　根据除草剂和草种的特性选择适当的除草剂进行防除。一年生杂草如马唐、稗，可用苗前除草剂，如氟草胺、恶草灵、环草隆等，在春季使用，以防除夏季一年生杂草。这些苗前除草剂在杂草种子萌发前一周施药。通常土壤开始变暖时施，一般在早秋杂草种子第二次萌发高峰前再施一次。施药时期适当，因为一年生杂草萌发要持续较长时间，施药太早除草剂的药效在杂草高峰期就失效，太晚则杂草大多数已萌发，苗前除草剂对已萌发的杂草几乎无效。防除一年生杂草苗后除草剂如甲胂一钠，一般为杂草苗后早期生长阶段施用。冬季一年生杂草的防治一般在夏季或早秋，杂草萌发前进行。一年生早熟禾是很难防治的冬季一年生杂草，如果杂草是大面积的一年生早熟禾，可选用草甘膦防治，然后再补播。

问 82　多年生禾本科杂草如何防治?

答　多年生禾本科杂草，选择性的除草剂效果不佳，一般用非选择性的草甘膦等除草剂。多年生莎草科的苔草等杂草可用苯达松防治，效果很好，且不影响草坪草。

问 83　阔叶杂草如何防治?

答　要选择 2，4 - D 丁酯类和其他防阔叶杂草除草剂，高 2 - 甲 - 4 - 氯丙酸、麦草畏、溴苯腈、苯达松等。阔

常见阔叶杂草（马齿苋）

叶除草剂有的也能混用，如 2，4 - D 丁酯、高 2 - 甲 - 4 - 氯丙酸、麦草畏三者混合施用，有效成分用量为每 100 平方米 1.13 ~ 1.69 千克，可防除藜、马齿苋、繁缕、卷耳、蒲公英、扁蓄豆、酸模、野胡萝卜等多种阔叶杂草。

问 84　豆科草坪中的杂草如何防治？

答　在白三叶等豆科草坪播种前和杂草萌发前，用 48% 氟乐灵乳油每 100 平方米 1.2~2.4 升，加水配成药液喷于地表，然后混土并镇压，可防除多种一年生杂草。在播种前、杂草萌发后，用 10% 的草甘膦水剂每 100 平方米 6~18 升，加水配成药液，喷于杂草茎叶，可杀死各种杂草。用 48% 苯达松水剂每 100 平方米 1.5~3 升，灭除以莎草科杂草为主的多种杂草，或将拿捕净乳油根据药的说明加水配成药液，均匀喷于杂草的茎叶上。

问 85　用化学方法防治阔叶杂草有什么注意事项？

答　施药前不要剪草坪，保证杂草有足够的叶组织接触除草剂，施药后半周内不能剪草。若立即剪草，除草剂会失去作用。由于大多数杂草 2~5 周才能死亡，再次施药至少间隔 2 周。在新建未成熟的草坪上施用除草剂，必须在草坪已经修剪 3~4 次以后再施药。如果必须早施药，可选用对草坪幼苗安全的除草剂，如溴苯腈。在某些情况下，可按正常比率的一半，施用普通的杀阔叶杂草的药。在新铺草皮上，草坪草未扎根之前，不要施除草剂。

问 86　除草剂施用有哪些注意事项？

答　严格按照规定的用量、方法和程序配制使用，不得随意加大或减少药量。注意除草剂的最宜使用时期和使用方法。播后、苗前使用的除草剂不能在苗后使用，土壤处理剂不能用于茎叶处理。使用除草剂进行茎叶处理时，在杂草 2~6 叶期喷施效果最好。化学防除多年生杂草，要适当加大用药量。某些触杀性除草剂对多年生杂草无效，应注意使用时的区分。除草剂不宜在高温、高湿或大风天气喷施。一般选择气温在 20～30℃的晴朗无风天气喷施。喷施时，喷孔方向要与风向一致，先喷下风处，后喷上风处，防止药液随风飘移，伤害附近敏感作物。喷施除草剂的喷雾器，一定要彻底清洗干净后，再装其他药物。

问 87　混合使用除草剂应注意什么？

答　混用的除草剂必须有相同的灭杀草谱。混用的除草剂，其使用时期与方法必须相同。除草剂混合后，不能发生沉淀、分层现象。除草剂混合后，其用量为单用量的 1/3～1/2。对于不能互相混用或忌混的除草剂，采用分期配合使用的方法，也可以达到灭杀杂草的目的。对于同块土壤可交替使用除草剂，如先用氟乐灵灭杀禾本科杂草，再用扑杀净杀灭阔叶杂草。土壤处理与苗后茎叶处理也要配合。

问 88　草坪病害有哪些种类？

答　当草坪草受到病原生物或不良环境的作用，其正常的生理功能偏离到不能或难以调节复原的程度，从而导致生理生化、组织结构和外部形态的一系列病变，生长发育受阻甚至死亡，造成草坪质量下降、草坪功能受损和经济损失，这种现象称为草坪病害。根据导致草坪草发生病害的病因，可将病害分为两大类型，即侵染性病害和非侵染性病害。侵染性病害是一类由真菌、细菌、类菌原体、病毒、类病毒、线虫等病原生物引起的病害。非侵染性病害的发生在于草坪和环境两方的因素，如草种选择不当、土壤缺乏草坪草生长必需的营养、营养元素比例失调、土壤过干或过湿、环境污染等，这类病害不传染。侵染性病害。具很强的传染性，其发生的三个必备条件是：感病植物、致病力强的病原物和适宜的环境条件。当条件适宜时扩展蔓延的速度很快，对草坪的破坏性很大，防治的难度也很大。

问 89　如何预防草坪病害的发生？

答　病害的发生与草坪苴所处的环境条件有关，也与草坪草本身的生长状况及草坪草品种有很大的关系。草坪草的病害防治应以防为主。当草坪草已出现病害症状时再进行喷洒化学药剂，对已感病的植株并无多大效果，只能防止病害进一步蔓延。因此，春季及高温高湿季节到来前，喷洒一定剂量的化学药剂对于预防草坪病害的发生有着积极意义，而且用量要比病害发生后喷洒的剂量要小，对环境的污染也更轻。作为草坪建植者，在草坪草的选择上要十分注意选择适宜本地生长的草坪草品种，如果草种不适，生长势弱，病害势必更易发生。此外，在草坪中应进行多品种的混合播种，而不使用单一品种建植草坪，可有效降低草坪草病害的发生和蔓延。

问 90　草坪病害怎么防治？

答　草坪病害一般用杀菌剂来干扰病原物的能量代谢，抑制蛋白质等生物合成、干扰细胞分裂、诱导寄主植物产生抗病性等，从而破坏病原微生物的正常生命活动，杀死或抑制病原物的生长、繁殖，从而达到防病目的。最常用的办法就是土壤消毒，利用福尔马林或者蒸汽消毒。其次，通过光谱保护性杀菌剂，如波尔多液等药剂喷洒，可防止多种真菌或细菌性病害的发生。最后，还可以通过生物技术手段以菌防病，如利用链霉素防治细菌性软腐病。

光谱保护性杀菌剂（波尔多液）

问 91　侵染性病害如何防治？

答　首先选择抗病品种，然后及时除去杂草、适时深耕细肥，及时处理病害株和病害发生地、加强水肥管理。在早春各类草坪将要进入旺盛生长期以前（草坪草发病前）喷适量的波尔多液 1 次，以后每隔两周喷 1 次，连续喷 3~4 次。这样可防止多种真菌或细菌性病害的发生。病害种类不同，应相应调整药剂的使用浓度、喷药的时间和次数、喷药量等。草坪草叶片保持干燥时喷药效果好。喷药次数主要根据药剂残效期长短而确定，一般 7~10 天 1 次，共喷 2~5 次即可。雨后应补喷。应尽可能混合施用或交替使用各种药剂，以免产生抗药性。

问 92　腐霉病有何症状？

答　在暖热湿润的条件下感病叶部会突然出现 2~5 厘米的环形病斑。在草坪上初期病斑很小，而后病斑迅速扩展，形状不规则。一般早晨感病叶片上出现水渍状和黑色的病斑，发黏呈油脂状且互相缠结，称为脂肪斑。感病的翦股颖草坪上会出现橙色或青铜色的褪绿斑和灰色的烟环状病斑，干燥时病斑呈浅棕褐色至棕色，引起草坪的枯萎。当草坪湿度很大时，受害叶片上覆盖着白絮状的菌丝体，往往把这一时期叫棉絮状枯萎病。如果持续高湿，病害发展很快，会造成大面积的草坪受害。腐霉菌还会引起根茎腐烂，受害草坪生长不良，植株矮小，失去原有的绿色，生长缓慢。根茎腐烂一般常发生在高尔夫球场和庭院绿地上，草坪草整个生长季都会受到腐霉病危害。在早春和晚秋季节，大气寒冷和潮湿时，首先感病草坪会出现4～7厘米大小的黄色病斑。受害严重的草坪草，根茎上出现水渍状斑块，根系数量减少，活力下降。可通过显微镜来检查根和根茎是否是由腐霉菌引起的，感病较严重的根和根茎上一般都存在卵孢子。

草坪腐霉病发病症状

问93　腐霉病如何防治？

答　因为腐霉病受湿度和温度影响极大，特别是水分的影响，所以最主要的防治措施是控制湿度。在腐霉病的高发病区应着重修建排灌设备，防止草坪过于潮湿，创造不利于腐霉菌生存的湿度条件。土壤施肥应尽量均衡，减少施入氮肥的量。土壤中钙不足时，应尽量补充钙。尽量在中性土壤上种植草种，避免在碱性土壤上种植，以防腐霉病的发生。在温暖潮湿的季节播种时使用农药拌种，可有效防止腐霉病的发生。在病害已发生较严重的地块，可以喷施新型内吸杀菌剂，如瑞霉灵、乙膦铝等。草坪周围有乔木和灌木遮盖时，应修剪树木，以保持良好的阳光和空气流通，可减轻腐霉病危害。

问94 炭疽病有何症状？

答 炭疽病主要受气候条件影响，在寒冷湿润的条件下，引起植株茎基部腐烂。病害发生初期感病部位病斑呈水渍状，病害发生后期病斑变成黑色，发病严重时，可引起植株的死亡。在气候温暖的条件下，土壤比较干燥、草坪荫蔽、空气湿度较大时，叶片很容易受到病菌的侵染。病斑初期呈黄色，后变成浅棕色，最后变成棕色。炭疽病引起草坪出现不规则形状的病斑，病斑大小可自几厘米至几十厘米之间。炭疽病最典型的症状是在感病的枝条和茎上常常覆盖一层黑色的菌丝体，在死亡的叶片和茎上有许多黑色的子实体突破叶和茎的表皮暴露在外，这一点是鉴定炭疽病最重要的指标。

草坪炭疽病发病症状

问 95　炭疽病如何防治？

答　炭疽病主要在温暖湿润的条件下发病，例如在高尔夫球场中的草地早熟禾草坪。防治炭疽病首先要采取必要的草坪管理措施，合理排灌，保持疏松的土壤，防止土壤过于紧实，合理施肥，一般应增施磷肥和钾肥，有利于草坪的抗病性。在干旱时应避免施入过量的氮肥。选育抗病品种，并在生产上进行大面积推广。

问 96　币斑病有何症状？

答　草坪一旦出现凹陷、稻草色的圆形病斑，直径一般小于 50 毫米，以后病斑可逐渐地连片形成更大的不规则枯草区。最初叶片向下枯萎产生水渍状褪绿斑，然后逐渐变成漂白斑点的颜色，边缘棕褐色至红褐色，病斑可扩大延伸至整个叶片，呈漏斗状。当清晨存在露水时，可能会看到白色的絮状或蜘蛛网状菌丝体。币斑病容易与红丝病、铜斑病和棕斑病的症状相混淆，应特别注意相互间的区别。

草坪币斑病发病症状

问 97 币斑病如何防治？

答 通过科学的水肥供应和辅助措施提高草坪抗币斑病能力，是预防币斑病发生的关键。土壤氮肥量保持在每平方米 20～25 克能够有效降低币斑病发生概率，且不同的氮源防治效果不同。一般来说，人造氮肥比天然有机肥更加显著地降低币斑病发生概率。每日适时刈割除露可显著减少币斑病的发生，某些球场用人工直接给匍匐翦股颖果岭土壤浇水来替代喷洒机浇水，以减少草坪草叶面湿度。在币斑病发生时，最好使用具有治疗作用的杀菌剂，病害严重时可与代森锰锌等保护性杀菌剂复配使用。币斑病反复性强，在杀菌剂的一般持续 14～21 天的效果期内，有时并不能有效控制病害，因此适当增加施药的频率，缩短施药间隔期能够很好地控制币斑病的发生蔓延，对于重点患病区域可以达到每周一次的频率。

问 98 镰刀菌枯萎病有何症状？

答 在干热的气候条件下，染病草坪地上部分出现小块的病斑，病斑呈蛙眼状，直径 2～20 厘米，病斑由浅绿色变成棕褐色，然后又变成稻草色。镰刀菌枯萎病发展到后期，会引起草坪地上部分的死亡，地下根茎引起腐烂。当温度和湿度较高时，白色和粉红色的菌丝体和分生孢子很容易从草坪植株的根茎侵入，引起根茎的腐烂，导致地上部分的枯萎。

草坪镰刀菌枯萎病发病症状

问 99　镰刀菌枯萎病如何防治？

答　①种植抗病、耐病草种或品种。一般来说剪股颖较草地早熟禾更耐镰刀菌枯萎病，草地早熟禾较羊茅更耐镰刀菌枯萎病。在草坪建植时，提倡草地早熟禾与羊茅、黑麦草等混播。病草坪补种时，补播黑麦草或草地早熟禾的抗病品种。②合理地施肥（避免过量施氮肥）。③合理排灌（保持一定的湿度，避免干旱）。④及时清除枯草层，使其厚度不超过 2 厘米，留茬不宜过低，保持土壤 pH 值在 6～7。防治镰刀菌枯萎病一般很少采用化学药剂（效果不好）。

问 100　锈病有何症状？

答　锈病发生初期在叶和茎上出现浅黄色的斑点，而后病斑数目逐渐增多，叶、茎表皮破裂从内散发出黄色、橙色、棕黄色、栗棕色或粉红色的夏孢子堆。病害发展后期病部出现锈色、黑色的冬孢子堆。最典型的症状是用手能从病叶上抹下一层锈色的粉状物（锈菌的夏孢子和冬孢子）。锈病会导致受害草坪生长不良，叶片和茎秆变成不正常的颜色，草坪草生长矮小，光合作用下降，严重时导致草坪草的死亡。

感染锈病后的草坪草

问 101　锈病如何防治？

答　选育和使用抗病品种，是防治锈病的主要途径之一。锈病的病原生理种类多且变化大，抗锈病品种的选育工作必须不断地进行。合理施用肥料，避免过量施入氮肥，增施磷肥和钾肥。合理排灌，避免草地湿度过大，减少锈菌的萌发抑制锈菌对草坪草的侵入。避免湿度过大的同时，草坪过于干燥也不行，由于锈病破坏了草坪草表皮细胞，蒸腾加强，不利于草坪植株的生长，这时应适当补充水分，以缓解草坪缺水而引起的植株损伤。在草坪草上常使用粉锈宁、敌锈钠、萎锈灵和福美锌等化学药物，防治锈病具有良好的效果。

问 102　白粉病有何症状？

答　病害发生初期，在叶片、叶鞘和枝条的表面有一层白色的粉状物，这些粉状物是病菌的分生孢子、分生孢子梗和菌丝体。病菌生长迅速，很快扩大，覆盖整个叶面，霉层变厚，呈灰色、淡褐色。发病后期出许多黑褐色的小点（白粉菌的闭囊壳），一般老叶受害比嫩叶严重，植物表面被白粉菌覆盖，导致光合作用下降，呼吸失调，使植物窒息。植物表面出现褪绿斑，生长不良、凋萎，严重时植株枯萎死亡。

草坪白粉病发病症状

问 103　白粉病如何防治？

答　选用抗白粉病品种和其他草种混播，可减轻白粉病发病概率，降低白粉病发病后的危害。通过修剪附近的乔木和灌木保持草地有良好的阳光照射和空气流动。冬季焚毁草坪上的枯枝落叶和病株残体，能有效消灭菌源，显著降低病害发生概率。使用杀菌剂，可抑制病菌的内部侵染，防治白粉病的效果良好。

问 104　铜斑病有何症状？

答　粗糙的环状病斑分散于染病叶片上，病斑直径 2～7 厘米呈粉红色和铜色。感病后期，病斑可覆盖整个叶片。在潮湿的条件下，病斑上的孢子群颜色鲜艳并形成胶质覆盖感病的草坪叶片。铜斑病的鉴定方法是：用一块白色的布摩擦染病部位，若布上呈现铜色则为铜斑病。

草坪铜斑病发病症状

问 105　铜斑病如何防治？

答　铜斑病多发于温暖潮湿的土壤和含氮量极丰富的地区，土壤 pH 值过低会加重该病的发生。防治铜斑病的主要办法是：控制施入氮肥的量，并使用石灰水来调节土壤的 pH 值，以达到预防铜斑病发生。在铜斑病已经发病的地区，应使用杀菌剂进行防治，如喷洒 25% 咪鲜胺乳油 500 ~ 600 倍液，或 50% 多锰锌可湿性粉剂 400 ~ 600 倍液。连用 2 ~ 3 次，每次间隔 7 ~ 10 天。

问 106　褐斑病有何症状？

答　褐斑病多发于冷季型草坪上。当草坪比较低矮，空气湿度大，天气温暖时，草坪受到立枯丝核菌的侵染后将会出病斑。病斑发展十分快，可从初发的几厘米迅速扩大到几十厘米，周围产生黑紫色的烟环状边缘。如果天气阴郁潮湿，这种烟环状边缘可持续一天。如果天气干燥，空气流通好，则病菌停止活动烟环状边缘消失。褐斑病在多年生黑麦草、高羊茅的草坪上，主要引起浅棕色的环状病斑，半径一般有 7 厘米。在干燥的条件下，病斑可达到 30 厘米。受害草坪常出现凹陷的症状，形成蛙眼斑。立枯丝核菌能使叶片产生大小不等的病斑，颜色从浅紫色到绿色，最终变为褐色。

草坪褐斑病发病症状

问 107　褐斑病如何防治？

答　合理的肥料管理，施用磷肥和钾肥能增加草坪对褐斑病的抵抗能力。合理的排灌管理，尽量避免土壤过于潮湿，降低叶面湿度时数，能有效避免褐斑病的发生。在褐斑病发生后，使用杀菌剂可有效地遏制褐斑病的蔓延。

问 108　尾孢叶斑病有何症状？

答　尾孢叶斑病主要发生于植株叶部，危害叶片和叶鞘。发病初期引起叶部棕色或紫色病斑，而后病斑沿着叶脉逐渐扩大。发病后期，病斑扩展到叶轴。温暖潮湿的气候条件有利于病菌孢子的形成，病斑上出现白色到灰色的孢子和菌丝体，叶片失去原有的绿色，植株光合作用受到影响，严重时可引起叶片和植株的死亡。

感染尾孢叶斑病后的草坪草

问 109　尾孢叶斑病如何防治?

答　播种草坪时混播抗尾孢叶斑病的品种，如钝叶草等。清除草地周围的树木枝叶和小型灌木，改善草地空气流通且使草地有充足的阳光照射。病害发生后，使用杀菌剂能有效地控制尾孢叶斑病的蔓延。

问 110　红丝病有何症状?

答　发生红丝病的草坪会出现褐色病斑，病斑呈不规则形状且大小不一。叶片被病原菌侵染后出现水渍状、棕褐色病斑。由于病叶分散在正常叶片周围，病菌逐渐侵染正常叶片，受害面积会逐渐扩大，形成大块的病斑。红丝病危害叶部，引起叶片自上而下死亡。湿度很大时，红丝菌在叶片和叶鞘上产生桃红色、红色凝胶团块，这是判别红丝病很重要的观察指标。

草坪红丝病发病症状

问 111   红丝病如何防治？

答   根据草坪实际肥力，增施各种肥料以增加草坪对红丝病的抗性。氮肥对减少红丝病的发生概率特别重要，应适当增施氮肥。安排好草坪的灌溉使草坪保持良好的湿度条件以增加草坪植株的抗病性。修剪草坪周围的乔木和灌木，改善空气流通并增加阳光照射对防治红丝病十分有利。使用杀菌剂能有效地控制红丝病的发生和流行。

五、 草坪虫害种类及防治问题

问 112   危害草坪的地下害虫主要有哪些？

答   地下害虫是指生活在土壤中，危害植物地下根茎部的害虫。在危害草坪的害虫中，地下害虫种类繁多、分布广泛、危害严重，因此是防治的重点所在。地下害虫主要有蝼蛄类、地老虎类、根蟥类、金针虫类、拟步甲类、金龟甲类等种类。

问 113 危害草坪的地上害虫主要有哪些？对草坪有何危害？

答 草坪地上害虫主要有赤须盲蝽、秆蝇、蚜虫、黏虫、叶蝉等几类刺吸式口器昆虫。秆蝇类地上害虫对坪草进行钻蛀性取食，造成植株枯死。黏虫类地上害虫暴食草坪草，将叶片吃光。这部分害虫对草坪危害也较大，是草坪地上部分害虫防治的主要对象。除此之外，草坪地上害虫是草坪病毒病传播的主要因素之一，防止草坪病毒感染最主要的就是控制地上昆虫传毒。

问 114 草坪虫害怎么防治？

答 草坪虫害相对于草坪病害来讲，对草坪的危害较轻较容易防治，但如果防治不及时，也会对草坪造成大面积的危害。按其危害部分的不同，草坪害虫可分为地下害虫和茎叶部害虫两大类。常见的害虫主要有：蛴螬、象鼻虫、金针虫、地蛛、蝼蛄、地老虎、草地螟、黏虫、蝗虫等。草坪虫害的防治要遵照"预防为主，防治结合"的原则，了解主要病虫害的发生规律，弄清诱发因素，采取综合防治措施。主要的防治方法：①选择种植抗虫害品种。②药物控制对地下害虫的防治，主要药物有呋喃丹、西维因等。对于茎叶部害虫，主要防治药物有敌杀死、氧化乐果等。③加强草坪养护管理措施。合理施肥，在高温、高湿季节增施磷、钾肥，减少氮肥用量；合理灌水，降低草坪湿度，选择适宜的浇水时间；适度修剪，修剪时严禁带露水修剪，保持刀片锋利，减少枯草层，可通过疏草、表施土壤等方法清除枯草层，减少虫源数量。④选择合适的杀虫剂。防治草坪病虫害的主要药剂为杀虫剂、杀螨剂和杀菌剂等，使用时严格按照使用说明进行，防止产生药害。

防治草坪害虫的杀虫剂

问 115 华北蝼蛄有什么形态特征？

答 成虫雌虫体长约 45 毫米，最大可达 66 毫米，头宽 9 毫米；雄虫体长 39～45 毫米，头宽 5.5 毫米。体黄褐色，全身密生黄褐色细毛。头暗褐色，从上面看呈卵形，长约 7 毫米、宽约 6 毫米。复眼椭圆形，头中间有 3 个单眼，触角生于眼的下方，鞭状。前胸暗褐色，长约 12 毫米，背面中央有 1 个心脏形暗红色斑点。前翅长约 14 毫米，平叠于背上，后翅折叠成筒形，在前翅之下。前足特别发达，适宜在土中掘土前进，中、后足细小，后足胫节背侧内缘有棘 1 个或消失。腹部近圆筒形，背面黑褐色，腹面黄褐色，腹部上有 7 条褐色横线，各横线间各有淡黄色细线 1 条、腹部两侧各有淡黄色气门 8 个。尾毛 2 根，黄褐色，上有细毛，向后伸出，长为体长之半，产卵管不明显。卵为椭圆形，初产时长 1.6～1.8 毫米、宽 1.3～1.4 毫米，以后逐渐膨大，孵化前长 2.4～3 毫米、宽

1.5~1.7毫米。卵色初产为黄白，后变为黄褐，孵化前呈深灰。若虫形态与成虫相仿，翅不发达，仅有翅芽，初孵化时体乳白色，只复眼淡红色，以后颜色逐渐加深，头部变为淡黑色，前胸背板黄白色，2龄以后身体变为黄褐色，5、6龄后基本与成虫同色。

问116　台湾蝼蛄有什么形态特征？

答　成虫体长25~30毫米，头、胸部及触角为浅灰褐色；腹部背面浅灰色。体腹面淡黄色。翅浅灰色，后翅短不及腹部末端，但稍过于复翅。单眼椭圆形，复眼显著分离。两前胸腹板瘤分离、腹部末节背面两侧各生1对刚毛，刚毛端交叉。

问117　非洲蝼蛄有什么形态特征？

答　成虫形态与华北蝼蛄相似，但体躯短小，体长雌虫31~35毫米；雄虫30~32毫米。体色较华北蝼蛄深，呈淡灰褐色，全身密生细毛。头圆锥形，暗黑色，长约4毫米、宽约3.5毫米，触角丝状，黄褐色。复眼红褐色，椭圆形，有单眼3个。前胸背板从上面看呈卵形，长约8毫米、宽约6毫米，前缘稍向内方弯曲，后缘钝圆；背面中央的凹陷长约5毫米。前翅长12毫米，覆盖腹部达一半；后翅卷缩如尾状，超过腹部末端。前足发达，后足胫节背侧内缘有棘3~4个。腹部纺锤形，背面黑褐色，腹面暗黄色，末端2节背面两侧，有弯向内方的刚毛。尾毛2根，伸向体外两侧。卵为椭圆形，初产时长约2.8毫米、宽1.5毫米，孵化前长约4毫米、宽约2.3毫米，初产乳白色，渐变为黄褐色，孵化前为暗紫色。若虫初孵化时乳白色，复眼淡红色，数小时后，头、胸、足逐渐变为暗褐色，并逐步加深，腹部淡黄色。初孵若虫体长约4毫米，老熟若虫体长约 2.5 毫米。

非洲蝼蛄

问 118　如何防治蝼蛄类害虫？

答　①人工防治。可根据蝼蛄卵窝在土表面的特征向下挖卵窝灭卵。华北蝼蛄卵窝在二面有约 10 厘米长的虚土堆，台湾蝼蛄顶起一个小圆形虚土堆，向下挖 20 厘米深即可发现卵窝，再向下挖 8～10 厘米即可发现雄虫。在牧草较密较厚，看不见虚土堆的情况下，可在 6～8 月份产卵期根据草地成行、成条枯萎症状，向根下挖窝灭卵。②诱杀防治。可利用蝼蛄趋光性强的习性，设置黑光灯诱杀。③药剂防治。用 90% 敌百虫晶体 30 倍液，浸泡煮成半熟且晾干的谷子，风干到不黏结后，无风傍晚在草地上撒施每公顷 22.5～37.5 千克。拌药量不可过大，以免异味引起拒食。或用 50% 辛硫磷乳油 1 000 倍液灌根，效果良好。灌根前需在草坪上打孔，使药剂更容易下渗。

问 119　黄地老虎有什么形态特征？

答　成虫体长 14～19 毫米，翅展 32～43 毫米，体形比小地老虎小；体色黄褐；雌雄触角形状同于小地老虎；两翅两对"之"字形横纹不很明显，肾形纹、环形纹和棒形纹均明显；各斑边缘黑褐色，中央暗褐色；后翅白色，前缘略带黄褐色。卵为扁圆形，底平，高 0.44～0.49 毫米，宽 0.69～0.73 毫米，纵棱显著较横道粗，不分叉，初产乳白色，以后渐现淡红斑纹，孵化前变为黑色。幼虫与小地老虎相似，区别在于其体长33～45毫米，体圆筒形。体表较平滑，无小黑突起，腹节背面后半部皱纹明显，体色灰黄；颜面脱裂线上端左右两线分开，无额沟；腹节背面2对刚毛，后对略大于前对门。蛹长16～19毫米，红褐色，腹部末节有粗刺一对，腹部背面5～7节前缘有一黑纹，纹内有小坑，坑小而密。

问120　小地老虎有什么形态特征？

答　成虫体长16～23毫米，翅展42～54毫米；体色灰褐，有黑色斑纹，触角雌蛾丝状，雄蛾双栉状；前胫节侧面有刺；前翅深灰褐色，前翅前缘及外横线至中横线部分呈黑褐色，肾形斑、环形斑、棒形斑位于其中，各斑均围以黑边，在肾形纹外面有一明显的尖端向外的楔形黑斑，在亚缘线上有两个尖端向里的楔形黑斑，三斑相对，易于识别；后翅灰白色，近后缘处褐色，翅脉及边缘黑褐色。卵为扁圆形，高0.38～0.5毫米，宽0.58～0.61毫米，纵棱显著，比横道粗，纵棱有2叉及3叉；初产淡黄色，孵化前呈灰褐色。老熟幼虫体形略扁，体长55～57毫米，头宽3～3.5毫米；全体黑褐色稍带黄色；体表密布小黑色圆形突起，各腹节后部皱纹不明显，颜面脱裂线顶端左右相连与额沟相会成"Y"形。腹节背面两对刚毛，后对显著大于前对；腹足趾沟15～25个不等，除第一对腹足有时不到20个外，其余均在20个以上。蛹长18～24毫米，宽8～9毫米，红褐色，腹部4～7节前端背面有1列黑纹，纹内有小坑，尾端黑色，有两根刺。

小地老虎

问 121　如何防治地老虎类害虫？

答　①农业防治。保持草坪的健康生长，生长旺盛的草坪对地老虎的侵害具有良好的抗性和耐性。同时，防止草坪过度生长，草坪过高或周围有高草区也是地老虎侵入理想的条件。改善草地的排水状况，减少积水面积。利用秋、冬季浇水可以有效地降低越冬虫口密度，另外及时灌返青水也可以降低越冬虫口密度。草地周围蜜源植物较多时，应注意在成虫高峰期进行诱杀，降低其产卵率，减少幼虫对草地的危害。清除草地周围的杂草，也是减少地老虎数量的有效方法。②诱杀成虫和幼虫。利用黑光灯、糖醋酒液或雌虫性诱剂诱杀均可。诱杀时间可从 3 月初至 5 月底，灯下放置毒剂瓶、盛水的大盆或大缸，液面洒上机油或农药。糖醋酒液的配方为红糖 6 份、米醋 3 份、白酒 1 份、水 2 份，再加少量敌百虫，放在小盆或大碗里，天黑前放置在草地上，天亮后收回，收集蛾子并深埋。为了保持诱液的原味和量，每晚加半份白酒，每 15 天更换 1 次。③人工捕杀幼虫。在发生数量不大、枯草层薄的情况下，在被害苗的周围，用手轻拂草坪周围的表土，即可找到潜伏的幼虫。自发现中心受害株后，每天清晨捕捉，坚持 15 天即可见效。

问 122 麦根蝽象类害虫有什么形态特征?

答 成虫体棕褐色而有光泽,略呈椭圆形;头顶上有一排褐色细刺,一般为 18～20 根,复眼橘红色,触角念珠状;前胸发达,中部凸起,后缘两侧各有 1 个黑褐色斑;前足胫节特化成镰刀状,中足胫节半月形,后足胫节马蹄形;前翅革质部分黄褐色,上有刻点;后胸腹面两侧有臭腺开口 1 对;生殖器及肛门在腹部末端开口,雌虫扁平,雄虫有黑色突起。卵椭圆形,长 1～1.2 毫米、宽约 1 毫米,初产时乳白色,后逐渐变深,而略带灰色。若虫初孵化时乳白色,后变棕黄色;腹部白色,中部有 3 条黄线即臭腺。

问 123 如何防治麦根蝽象类害虫?

答 在入冬前,全面清除草坪上的残枝及落叶。人工摘除麦根蝽象类害虫卵块,或在成虫产卵盛期浇水,淹杀产在地面的卵。在傍晚,每亩草坪上插 6～7 把用尿浸泡过的稻草束,麦根蝽象类成虫喜闻尿味,会集中到稻草把上,第二天早集中草把烧毁。在成虫、若虫危害期,用 40% 乐果乳油 1 000 倍液,或 80% 敌敌畏乳油 1 500～2 000 倍液,或 50% 乙酰甲胺磷乳油 1 000 倍液制成喷雾对根蝽类害虫进行杀灭。

问 124 沟金针虫类害虫有什么形态特征?

答 成虫雌虫体长 16～17 毫米、宽 4～5 毫米;雄虫体长 14～18 毫米、宽约 3.5 毫米。雌虫体扁平,深褐色,体及鞘翅密生金黄色细毛。头部扁形,头顶呈三角形洼凹,密生明显点刻,触角深褐色,雌虫略呈锯齿状,11 节,长约为前胸的 2 倍。雌虫前胸发达,前窄后宽,宽大于长,向背面呈半球形隆起,前胸上密布点刻,在正中部有极细小的纵沟。鞘翅上的纵沟不明显，后翅退化。雄虫体细长，触角丝状，12节，长可达鞘翅末端，鞘翅上的纵沟较明显，长约为前胸的5倍，足细长。老熟幼虫体长20～30毫米、最宽处约4毫米，较其他种类宽。其特征是体节宽大于长，从头至第九腹节渐宽。身体黄金色，体表有同色细毛，侧部较背面为多。前头及口器暗褐色，头部扁平，上唇呈三叉状突起。由胸背至第十腹节，每节背面正中有1条细纵沟，尾节背面有略近圆形之凹陷，并密布较粗刻点。两侧缘隆起，具3对锯齿状突起，尾端分叉，并稍向上弯曲，各叉内侧均有1个小齿。

问 125　细胸金针虫类害虫有什么形态特征？

答　成虫体长8～9毫米、宽约2.5毫米，体细长，暗褐色，密覆灰色短毛，并有光泽。头胸部黑褐色，前胸背板略带圆形，前后宽度大部分相同；长大于宽，后缘角伸向后方。鞘翅长约为头胸部的2倍，暗褐色，密生灰色短毛，鞘翅上有9条纵列的点刻。触角红褐色，第二节球形，足红褐色。卵为乳白色，圆形，径为0.5～1毫米。幼虫体细长，圆筒形，身体淡黄色有光泽，老熟幼虫体长约23毫米、宽约1.3毫米。头部扁平，与体同色，口部深褐色。第一胸节较第二、三节稍短，第一至第八腹节略等长。尾节呈圆锥形，尖端为红褐色小突起。背面近前缘两侧各有褐色圆斑1个，并有4条褐色纵纹。初蛹乳白色，后变黄色，体长8～9毫米。羽化前复眼黑色，口器淡褐色，翅芽灰黑色。

问 126　褐纹金针虫有什么形态特征？

答　成虫体长约9毫米、宽约2.7毫米，体细长，黑褐色并有灰色短毛，头部凸形黑色，密生较粗的刻点。前胸黑色，后缘角向后突出。鞘翅黑褐色，腹部暗红色。触角暗褐色，第二、三两节略成球形，第四节较第二、三节稍长。足暗褐色。卵初白色略黄；椭圆形，长 0.6 毫米、宽约 0.4 毫米。老熟幼虫体长约 30 毫米、宽约 1.7 毫米，体细长，呈圆筒形，茶褐色并有光泽，第一胸节及第九腹节红褐色。头扁平，呈梯形，上具纵沟，并生有小刻点。身体背面有细沟及微细刻点，第一胸节长，第二胸节至第八腹节各节前缘向侧，均生有深褐色新月形斑纹。尾节扁平而长，尖端有 3 个小突起，中间的尖锐呈红褐色，尾节前缘有 2 个半月形斑，靠前部有 4 条纵线，后半部有皱纹，并密生大且深的刻点。

幼虫

雄成虫　　雌成虫

沟金针虫

问 127　如何防治金针虫类害虫？

答　①农业防治。农业防治的主要方法为合理施肥，不宜向草坪施以未经处理的生肥。适时灌溉对金针虫类害虫的地下活动可起到暂时缓解的作用。但土壤含水量对金针虫类害虫种群数量的影响不明显。②生物防治。利用一些植物的杀虫活性物质防治金针虫类害虫，如油桐叶、蓖麻叶的水浸液，以乌药、芫花、马醉木、苦皮藤、臭椿的茎、根磨成粉后防治金针虫类害虫效果较好。昆虫病原微生物具有寄主广泛、毒性高、致死速度快、使用安全等特点，对金针虫具有特殊的防效，寄生金针虫的真菌种类主要有白僵菌和绿僵菌。金针虫成虫已经出土，可利用性信息素诱集，是金针虫种群动态监测和防治的重要手段。③物理防治。物理防治方法对作物的伤害较小，并且容易实施，成本较低，但效果可能稍差些。最常用的方法为人工捕杀、利用金针虫类害虫成虫的趋光性进行灯光诱杀。金针虫对新枯萎的杂草有极强的趋性，可采用堆草诱杀。另外，羊粪对金针虫具有趋避作用。④化学防治。化学防治是当前控制金针虫类害虫最为有效和快捷的方法之一，当前国内外控制金针虫的主要途径仍依赖化学防治。但金针虫在土壤中活动深度变化较大。药剂施入土中很难发挥理想的杀虫作用，并易造成环境污染，危及食品安全，因而药剂的筛选及施药方法是化学防治的关键。目前，化学农药常用于土壤处理、药剂拌种、根部灌药等来防治金针虫类害虫。辛硫磷、甲基异柳磷最为常用，效果也较明显，还有二嗪农、毒死蜱、氟氯菊酯等。

问 128　网目拟地甲有什么形态特征？

答　成虫体呈黑略带褐色，椭圆形；头部较扁，触角棍棒状；前胸发达，前缘呈半月形，其上密生刻点；鞘翅近长方形，有 7 条隆起的纵纹，纵线两侧有突起，形成网格状；腹部背板黄褐色，肛上板黑褐色，密生刻点。卵为椭圆形，乳白色，表面光滑，长 1.2～1.5 毫米、宽 0.7～0.9 毫米。幼虫初孵化时乳白色，老熟深灰黄色；足 3 对，前足发达，为中、后足长的 1.3 倍，中后足大小相等；腹部边缘共有刚毛 12 根，末端中央有 4 根，两侧各排列 4 根。裸蛹，乳白色并略带灰白，羽化前深黄褐色；腹部末端有 2 个刺状突起。

问 129　二纹土潜有什么形态特征？

答　成虫黑色，长椭圆形，体扁；头似"V"形；前胸背板宽阔，前缘弓形，后缘二凹形。鞘翅纵沟横表面粗糙，具微细刻点。卵为椭圆形，长 1.2 毫米，乳白色。老熟幼虫体长 13毫米，圆筒形，体表坚硬，黄褐色，有光泽。蛹体长 9 毫米，乳黄色；各腹节背面有横皱，两侧着生尖刺；尾有 2 刺，向后平伸。

问 130　草原伪步甲有什么形态特征？

答　成虫全体黑色；复眼横向，下颚密生长而粗的刚毛；鞘翅隆起，两鞘翅愈合不能分；足的构造适于潜土、胫节、跗节上多刺突。卵为长圆形，乳白色，长 2 毫米，宽 1 毫米。老熟幼虫体黄色，革质；体节宽大于长，圆筒形；腹部 9 节，末节三角形，尾突延长向上翘起，两侧各有刺 3 个；前足粗壮发达，胫节内侧具齿。裸蛹，颜色为黄色，长 12～23 毫米。

拟步甲类害虫

问 131 如何防治拟布甲类害虫？

答 用50%辛硫磷乳油1 000倍液加水250～380千克或50%敌敌畏0.25千克，加水500千克，在防治期进行地面喷洒。用2.5%敌百虫粉喷撒2次，每公顷每次用药45千克，对拟布甲类害虫有较好防治效果。用90%晶体敌百虫0.5千克，或2.5%敌百虫粉1.5～2.5千克，加水2.5～5千克，喷在50千克碾碎炒香的棉籽饼上或油渣上，用50%辛硫磷乳油50克，拌棉籽饼5千克或用鲜草代替铡成碎草，每0.25千克敌百虫晶体拌草30～35千克。毒饵或毒草在傍晚撒到幼苗根际附近，隔一定距离撒一小堆，每公顷用量225～300千克。利用药剂防治，应注意适期，既节省药剂，药效也比较好。

问 132 金龟甲类害虫有什么形态特征？

答 金龟甲类害虫虫体一般为椭圆形或卵圆形，体色有黑、褐、绿、黄、棕等，其最主要特征是触角呈鳃叶状。虫卵乳白色，椭圆形，卵壳表面光滑。随着胚胎发育，卵粒逐渐膨大，孵化前卵粒变为淡黄色，卵壳透明，可见明显的褐色上颚，卵粒大小因种类而异。金龟甲类昆虫的幼虫一般特征为头部发达，大而圆，且坚硬。体白色或黄白色，肥胖，常弯曲成马蹄形。体表多皱纹和细毛，胸部3节，胸足3对，腹部10节，第九、十节两节愈合成为臀节（尾节），臀节光滑，灰白色。蛹为裸蛹，初为黄色，后变橙黄色。头部细小，复眼明显，触角较短足3对，后足最长。翅已明显，其尾部因种类不同而异。一般鳃金龟（如大黑鳃金龟、暗黑鳃金龟等）都有1对突出的尾角。

问 133　常见的金龟甲类害虫有哪些形态特征？

答　①暗黑鳃金龟，体长 40 毫米，头部前顶刚毛每侧 1 根，位于冠缝旁，肛腹板上无刺毛裂，只有散生钩状刚毛，肛门三裂。②棕色鳃金龟，体长 45～60 毫米，前顶刚毛每侧 2 根，位于冠缝和额缝旁。肛腹板有排列两行但不整齐的刺毛列，每列由 20～27 根锥状刺毛组成，前端伸出钩毛群。肛门三裂，纵裂短于侧裂。③毛黄鳃金龟，体长 35～40 毫米，前顶刚毛每侧 6 根，排成一列，肛腹板上无刺毛列，生有斜向中、后方的刺毛群，中间有一椭圆形裸区，肛门三裂。④黑绒金龟，体长 15～18 毫米，前顶刚毛每侧 1 根，位于额缝上端外侧。刺毛列在肛腹板后部，呈横弧形排列，由 14～16 根锥状刺毛组成。前缘散生钩状刚毛，中间明显断开成一裸区。肛门三裂，纵裂长于侧裂。⑤黑皱鳃金龟，体长 24～32 毫米，前顶刚毛每侧 4 根，无刺毛列，只有散生钩状刚毛，刚毛数为 35～40 根，比大黑鳃金龟的钩状刚毛数目要少，刚毛群后端与肛门孔间有明显的无毛裸区，肛门三裂。

金龟甲类害虫幼虫（蛴螬）

问 134　如何对金龟甲类害虫进行防治？

答　①农业防治。草地建植地尽量远离灌木区。草地播种前，对地块要进行深翻耕压，机械损伤和鸟兽啄食可大大降低金龟甲类害虫基数。整地时增施腐熟的有机肥，可改善土壤结构，促进根系发育，使牧草健壮生长，增强抗虫能力。施适量碳酸氢铵、腐殖酸铵等化肥作基肥，对金龟甲类害虫幼虫有一定抑制作用。在播种前，用50%辛硫磷乳油每公顷1.5~2.25千克，加细土30~40千克，撒在土壤表面，然后犁入土中或将药剂与肥料混合施入。成虫产卵盛期，适当限制草地浇水可抑制金龟甲卵的孵化，从而减少幼虫的为害及减轻以后防治的困难。②诱杀防治。利用金龟甲类的趋旋光性，设置黑光灯进行诱杀，效果显著。用墨绿单管黑光灯的诱杀效果较普通黑光灯好。③化学防治。播前种子处理药剂用50%辛硫磷乳油或20%甲基异柳磷乳油等，用药量为种子质量的0.1%~0.2%。先将药剂用种子质量10%的水稀释，然后喷拌于待处理的种子上，堆放10小时使药液充分吸渗到种子中后即可播种。在幼虫发生初期，可喷洒50%辛硫磷乳剂和50%马拉硫磷乳剂1 000~1 500倍液，喷施前在草地上打孔，喷药后喷水，可使药液渗入草皮下，从而杀灭幼虫。

问 135　赤须盲蝽类害虫有什么形态特征？

答　成虫全身绿色或黄绿色。头部略呈三角形，顶端向前突出；触角红色；前胸背板梯形，小盾片三角形；前翅革质部与体色相同，膜质部透明，后翅白色透明；若虫初期体长1毫米绿色，足黄绿色；后期体长5毫米，全身黄绿色，跗节黑色。

赤须盲蝽类害虫

问 136   如何防治赤须盲蝽类害虫？

答 赤须盲蝽9月下旬开始产卵越冬，11月份草坪间尚有大量成虫。赤须盲蝽是禾本科草坪草的重要害虫，及时清除草坪上枯茎杂草，减少越冬卵，做好发虫草场的防治，从而减少虫源。药剂防治可用50%马拉硫磷或80%敌百虫可溶性粉剂等1 000～1 500倍液喷雾或用4.5%高效氯氰菊酯乳油1 000倍液加10%吡虫啉可湿性粉剂1 000倍液、3%啶虫脒1 500倍液喷雾进行防治。

问 137   秆蝇类害虫有什么形态特征？

答 瑞典秆蝇成虫体长1.5～2毫米，黑色具光泽；前胸背板黑色；腹部下面淡黄色；足跗节棕黄色；幼虫初孵化时水样透明，老熟时为黄白色，体长4.5毫米；口钩镰刀状；体末端有2个短小突起，上有气孔。麦秆蝇成虫体长3～4.5毫米，体黄绿色；胸部背面有3条纵纹，腹部背面亦有纵纹；足黄绿色，跗节暗色；老熟幼虫体长6～6.5毫米，呈黄绿色或淡黄绿色；口钩黑色；前气门分支，气门小孔数为6～9个，多数为7个。

被秆蝇钻蛀茎秆和叶片的狗牙根

问 138 　如何防治秆蝇类害虫？

答 ①农业防治。草坪草的栽培管理，因地制宜创造对草坪草生长发育有利和对秆蝇发生不利的条件。包括增施肥料，及时排灌，适当早播，合理密植等，促进草坪草的生长发育，提高其抗虫能力。②化学防治。准确掌握虫情，在成虫盛发并达到防治指标，尚未产卵或产卵极少时，根据不同草坪品种第一次喷药，隔一周后观察虫情变化，虫口密度仍高的草坪续喷第二次药。每次喷药须在 3 天内突击完成。药剂选用：50% 的辛硫磷或 40% 氧化乐果 2 000 倍稀释液毒杀成虫及卵的效果都好，每亩用量约 50 千克；也可用 0.1% 敌敌畏与 0.1% 乐果（按 1∶1 混合）混合液，每亩用量约 50 千克。

问 139 　蚜虫类害虫有什么形态特征？

答 蚜虫类害虫大多数体长 1.5～4.9 毫米。触角 6 节，少数 5 节，罕见 4 节，感觉圆匡形，罕见椭圆形，末节端部常长于基部。眼大，多小眼面，常有突出的 3 小眼面眼瘤。喙末节短钝至长尖，腹部大于头部与胸部之和。前胸与腹部各节常有缘瘤。腹管通常管状，长常大于宽，基部粗，向端部渐细，中部或端部有时膨大，顶端常有缘突，表面光滑或端部有网纹，罕见生有或少或多的毛，罕见腹管环状或缺。尾片圆锥形、指形、剑形、三角形、五角形、盔形至半月形。尾板末端圆。表皮光滑、有网纹或皱纹或由微刺或颗粒组成的斑纹。体毛尖锐或顶端膨大为头状或扇状。有翅蚜触角通常6节，第3或3及4或3～5节有次生感觉圈。前翅中脉通常分为3支，少数分为2支。后翅通常有肘脉2支，罕见后翅变小，翅脉退化。翅脉有时镶黑边。身体半透明，大部分是绿色或是白色。蚜虫分有翅、无翅两种类型，体色为黑色。

蚜虫类害虫

问140　如何防治蚜虫类害虫？

答　当草坪出现蚜虫类害虫时，及时喷施农药。用50%抗蚜威可湿性粉剂3 000倍液，或2.5%溴氰菊酯乳剂3 000倍液，或40%吡虫啉水溶剂1 500～2 000倍液等，喷洒1～2次；用1：6到1：8的比例配制辣椒水（煮半小时左右），或用1：20～1：30的比例配制洗衣粉水喷洒，或用1：20：400的比例配制洗衣粉、尿素、水混合溶液喷洒，连续喷洒2～3次。对桃粉蚜一类本身披有蜡粉的蚜虫，施用任何药剂时，均应加入1%肥皂水或洗衣粉，增加吸附力，提高防治效果。秋、冬季将草坪周围景观树木树干基部刷白，防止蚜虫产卵；结合修剪，剪除被害枝梢、残花，集中烧毁，降低越冬虫卵；及时清理草坪周围残枝落叶，减少越冬虫卵。

问 141　黏虫类害虫有什么形态特征？

答　黏虫类害虫属鳞翅目夜蛾科，主要种类有黏虫、劳氏黏虫。幼虫咬食叶片，1~2 龄幼虫仅食叶肉，形成小圆孔，3 龄后形成缺口，5~6 龄达暴食期。黏虫成虫体色淡黄或淡灰褐色；前翅中央近前缘有两个淡黄色圆斑，外侧圆斑较大，其下方有一小白点，白点两侧各有 1 个小黑点。由翅顶角至后缘的 1/3 处有一条斜行黑褐纹。老熟幼虫

黏虫类害虫

体长 38 毫米，体色变化很大，一般为浅色至黑色；头部淡黄褐色，沿蜕裂线有一呈 "八" 字形黑褐色纵纹。体背有 5 条纵线，背线白色较细，两侧各有两条黄褐色至黑色宽带。

问 142　如何防治黏虫类害虫？

答　在黏虫类害虫数量开始上升时，设置糖醋酒诱杀盆每公顷 15 个，或设置杨树枝把或谷草把每公顷 30~45 个，逐日诱杀成虫，可降低黏虫类害虫卵量和幼虫密度。自成虫产卵初期开始，插小谷草把每公顷 150 把诱卵，每两天换一次，将谷草把带离烧毁。常用的防治化学药剂有 90% 晶体敌百虫 1 000 倍液，25% 溴氯菊酯乳油 2 000~3 000 倍液，30% 速克毙乳油 2 000~3 000 倍液，5% 抑太保乳油 2 000 倍液。

问 143　叶蝉类害虫有什么形态特征?

答　大青叶蝉成虫体长 7~10 毫米，青绿色；头部后缘有一对不规则的多边形黑斑，前胸背板和小盾片淡黄绿色；前翅绿色带青蓝色光泽，前缘淡白。黑尾叶蝉成虫体长约 5 毫米，黄绿色；头部两复眼间有一黑色横带；前胸背板前半部黄绿色，后半部为绿色，小盾片黄绿色；前翅鲜绿色，前缘黄色。

大青叶蝉类害虫

问 144　如何防治叶蝉类害虫?

答　一般情况下，清除草坪上的杂草，能有效减轻叶蝉类害虫的危害，但也需要药物防治。常用杀叶蝉类害虫的药剂有 40% 乐果乳剂 1 000 倍液，50% 叶蝉散乳油，90% 敌百虫 1 500 倍液，50% 杀螟松乳油 1 000~1 500 倍液，25% 亚胺硫磷 400~500 倍液，25% 西维因可湿粉剂 500~800 倍液，50% 马拉硫磷 1 000 倍液喷雾。对叶蝉类害虫，主要应掌握在若虫盛发期喷药防治。由于叶蝉类害虫趋化性强，可使用糖醋酒液等有酸甜味食物配成的诱杀剂进行防治。糖醋液的配制是：糖 3 份、酒 1 份、醋 4 份、水 2 份，调匀后加 1 份 2.5% 敌百虫粉剂。白天将盆盖好，傍晚开盖，5~7 天换诱剂 1 次，连续16~20 天。

六、 常见草坪机械的相关问题

问 145 常用的草坪机械有哪些？

草坪滚压机械

答 常用的草坪机械分为草坪建植机械、草坪修剪机械、草坪中耕机械、草坪施肥机械、草坪喷药机械、草坪清洁机械。其中，建植机械有推土机、平地机、犁、耙、旋耕机等，种植机械包括撒播机、喷播机、起草皮机等，修剪机械包括悬刀式剪草机、滚刀式剪草机、甩刀式剪草机、往复式剪草机以及特殊的果岭剪草机，中耕机械包括打孔机、梳草切根机、滚压机等，施肥机械包括手推式施肥机、拖拉机施肥机等，草坪喷药机械包括自行式喷雾机、牵引式喷雾机，草坪清洁机械包括切边机、清扫机、粉碎机等。在实际生产生活中，我们要因地制宜，根据草坪的实际情况选择合适的机械。

问 146　如何选择合适的草坪剪草机？

答　剪草机的种类、型号、规格繁多，选择合适的剪草机需要从以下几个方面考虑：①草坪面积。面积在 2 000 平方米以下的，可以用推行式剪草机，大于 2 000 平方米的要选用自走式或者驾驶式剪草机，以提高工作效率。②地面坡度。如果地形平坦且面积较小，可以选用推行式剪草机；如果地形起伏或者有坡度，可以选择自走式剪草机；对于坡度特别陡的草坪，可以选用气垫式剪草机。③场地情况。如果草坪中有花坛、绿植、硬景装饰等，应选择可以随意转向的剪草机。

手推式剪草机

问 147　使用甩绳式割草机应注意些什么？

答　甩绳式割草机是将割灌机的工作头上的圆锯片或刀片，以尼龙绳或钢丝绳代替，割草时高速旋转的绳子与草坪植株接触的瞬间，将其粉碎而达到割草的目的。但是该类型割草机，由于其本身结构尺寸的限制而难以到达的地点的割草作业。这种割草机没有防护装置，在割草作业时一定要注意安全保护。操作时应穿工作靴，以防绳子或其他杂物伤及腿脚，戴防护眼镜以防草屑或其他污物进入操作者的眼睛。

问 148　如何安装切侧根通气机？

答　切侧根通气机的工作装置是由安装在水平轴上的等间距的圆盘与螺栓垂直地安装在圆盘的直径方向三角形刀片（刀片在主轴上为螺旋形排列）构成的。切侧根通气机通过安装在水平轴上的一对重型轴承与机架相连接。切侧根通气机可以由拖拉机牵引，小型自行式草坪拖拉机可以牵引一台约 1 米宽的切侧根通气机作业，大型拖拉机可以牵引 2.5 米宽的切侧根通气机。

问 149　怎样使用切侧根通气机？

答　切侧根通气机作业时，在拖拉机牵引力的作用下，切侧根通气机绕主轴转动，刀片切入草坪将草坪植株的侧根间断式地切断，以达到阻止草坪根系过密的效果。同时，空气又可从刀片的切痕进入草坪根部，起到通气的作用。对于不同的草坪，切侧根通气机使用的刀片尺寸不同。对运动场及其类似的草坪，切侧根使用 23 厘米长、10 厘米宽的深切根刀，而对高尔夫球场球穴区和类似的草坪，采用 10 厘米长、4 厘米宽的较浅的切根刀。

问 150 怎样安装小型手扶式草坪通气机？

答 小型手扶式草坪通气机是由一台小型发动机经过减速传动，将动力传给刀辊或刀盘，使刀盘或刀辊滚动前进。在滚动的过程中安装在刀辊或刀盘上的管刀，被不断压入和拔出草坪进行打洞通气作业，这种小型的刀辊或刀盘式草坪打洞通气机适用于各种草坪的打洞通气。

问 151 怎样使用小型手扶式草坪通气机？

答 小型手扶式草坪通气机的镇压辊安装在机器的前部，起镇压草坪和给后面的打洞装置导向之用。小型手扶式草坪通气机的行走轮通过手柄上的操纵杆可以升降，用以确定机器的打洞和行走运输状态。小型手扶式草坪通气机的操纵机构由手柄和各种操纵杆组成，手柄用来控制机器的前进打向。各种操纵杆包括行走轮升降操纵杆、发动机节气门（油门）操纵杆和离合器操纵杆等，用以操作打洞作业时可升高行走轮，使打洞机构降到草坪地面上。

问 152 为什么要使用草坪修剪机？

答 草坪建成以后要保持其青翠茂盛、持久不衰，需要进行经常性地养护，常规的养护措施主要有剪草、除草、施肥、灌水、防治病虫害、碾压、打洞通气、更新等。在这些养护措施中有些可以用人工或借用其他领域的机械设备来完成，而有些养护措施（例如：剪草）需要使用专用于草坪养护的设备，否则工作效率低，作业质量差，不利于草坪的生长。

问 153 草坪补播机如何工作？

答 由于经常遭受踩踏，建成的草坪上有某些部位出现草皮过稀的现象，这就要求进行补种或再次播种。有一种专用于草坪补播作业的播种机，它白一些独立浮动安装的圆盘、种子箱和一个可以增加重量、注水的圆辊组成。每一个圆盘以铰接的方式安装在机架上，当作业遇到障碍物时，圆盘可以从障碍物上滚过，圆盘的主要作用是开沟。种子从种子箱的下部通过导管而撒播到圆盘开的沟槽内。其后部的圆辊将草种和土壤压实，以利于草种发芽。当需要播种的草坪地比较坚硬时，圆辊还可以向草坪地面浇水，使其软化后进行播种。

问 154　拖拉机悬挂式起草皮机如何工作？

答　拖拉机悬挂式起草皮机是由一把切草皮刀、两个侧面切割圆盘、两个限深轮和机架组成。机架用与拖拉机的液压悬挂系统相连接。切草皮刀位于侧面切割盘的后面，用于切割草皮的根部。限深轮可以调节，用于限制切割草皮的深度。作业时，拖拉机前进，通过液压悬挂系统放下切草皮机，切草皮刀具有一定的入土角，切入草皮进行起草皮作业。草皮刀的入土角是通过拖拉机三点悬挂系统上拉杆的伸长和缩短而调节的。

问 155　怎样使用手工打洞工具？

答　手工打洞工具结构简单，可由一个人操作。作业时双手握住手柄，在打洞点将中空管刀压入草坪地面层到一定深度，然后拔出管刀将洞留在草坪上。由于管刀是空心的，在管刀压入地面穿刺草坪土壤时将芯留在管刀内。这种手工打洞工具主要用于通气机到达不了的地面及局部小块草地，如绿地的树根附近、花坛周围和运动场球门杆四周的打洞作业。

参考文献

［1］孙吉雄. 草坪学 ［M］. 北京：中国农业出版社，2004.

［2］张志国. 草坪建植与管理 ［M］. 济南：山东科学技术出版社，1998.

［3］劳秀荣，等. 现代草坪营养与施肥 ［M］. 北京：中国农业出版社，2002.

［4］韩烈保，等. 运动场草坪 ［M］. 北京：中国林业出版社，1999.

［5］韩烈保. 草坪管理学 ［M］. 北京：北京农业大学出版社，1994.

［6］陈志一. 草坪栽培与养护 ［M］. 北京：中国农业出版社，2000.

［7］赵美琦，等. 草坪养护技术 ［M］. 北京：中国林业出版社，2001.

［8］沈国辉，等. 草坪杂草防除技术 ［M］. 上海：上海科学技术文献出版社，2002.

［9］韩烈保，等. 草坪建植与管理手册 ［M］. 北京：中国林业出版社，1999.

［10］龚束芳. 草坪栽培与养护管理 ［M］. 北京：中国农

业科学技术出版社，2008.

　　[11] 陈志明. 草坪建植技术 [M]. 北京：中国农业出版社，2001.

　　[12] 宋小兵. 草坪养护问答300例 [M]. 北京：中国林业出版社，2002.

　　[13] 商鸿生. 草坪病虫害识别与防治 [M]. 北京：金盾出版社，2002.

　　[14] 鲜小林. 草坪建植手册 [M]. 成都：四川科学技术出版社，2005.

　　[15] 姚锁坤. 草坪机械 [M]. 北京：中国农业出版社，2001.

　　[16] 赵平. 草坪机械 [M]. 昆明：云南教育出版社，1999.

　　[17] 余国胜. 草坪机械 [M]. 北京：中国林业出版社，1999.

　　[18] 袁军辉，等. 草坪建植与管理技术 [M]. 兰州：兰州大学出版社，2004.

　　[19] 孙吉雄. 草坪技术指南 [M]. 北京：科学技术文献出版社，2000.

　　[20] 赵燕. 草坪建植与养护 [M]. 北京：中国农业大学出版社，2007.

　　[21] 孙吉雄. 草坪工程学 [M]. 北京：中国农业出版社，2004.

　　[22] 边秀举. 草坪学基础 [M]. 北京：中国建材工业出版社，2005.

　　[23] 胡林，等. 草坪科学与管理 [M]. 北京：中国农业大学出版社，2001.

［24］张祖新．草坪病虫草害的发生及防治［M］．北京：中国农业科学技术出版社，1997．

［25］董宽虎，等．饲草生产学［M］．北京：中国农业出版社，2003．

［26］韩建国，等．牧草种子学［M］．北京：中国农业大学出版社，2011．

［27］何峰，等．饲草加工［M］．北京：海洋出版社，2010．

［28］四川牧区人工种草编委会．四川牧区人工种草［M］．成都：四川科学技术出版社，2012．

［29］韩召军．植物保护学通论［M］．北京：高等教育出版社，2001．

［30］龙瑞军，等．草坪科学实习试验指导［M］．北京：中国农业出版社，2004．

［31］农业部畜牧业司，全国畜牧总站．草种检验员培训教程［M］．北京：中国农业出版社，2009．